Rauheitsmessung

Jetzt diesen Titel zusätzlich als E-Book downloaden und 70 % sparen!

Als Käufer dieses Buchtitels haben Sie Anspruch auf ein besonderes Kombi-Angebot: Sie können den Titel zusätzlich zum Ihnen vorliegenden gedruckten Exemplar für nur 30 % des Normalpreises als E-Book beziehen.

Der BESONDERE VORTEIL: Im E-Book recherchieren Sie in Sekundenschnelle die gewünschten Themen und Textpassagen. Denn die E-Book-Variante ist mit einer komfortablen Volltextsuche ausgestattet!

Deshalb: Zögern Sie nicht. Laden Sie sich am besten gleich Ihre persönliche E-Book-Ausgabe dieses Titels herunter.

In 3 einfachen Schritten zum E-Book:

❶ Rufen Sie die Website **www.beuth.de/e-book** auf.

❷ Geben Sie hier Ihren persönlichen, nur einmal verwendbaren E-Book-Code ein:

27549C9172AKD32

❸ Klicken Sie das „Download-Feld“ an und gehen dann weiter zum Warenkorb. Führen Sie den normalen Bestellprozess aus.

Hinweis: Der E-Book-Code wurde individuell für Sie als Erwerber dieses Buches erzeugt und darf nicht an Dritte weitergegeben werden. Mit Zurückziehung dieses Buches wird auch der damit verbundene E-Book-Code für den Download ungültig.

Rauheitsmessung

Dr. Raimund Volk

Rauheitsmessung

Theorie und Praxis

3., überarbeitete Auflage 2018

Herausgeber:
DIN Deutsches Institut für Normung e. V.

Beuth Verlag GmbH · Berlin · Wien · Zürich

Herausgeber: DIN Deutsches Institut für Normung e. V.

© 2018 Beuth Verlag GmbH
Berlin · Wien · Zürich
Am DIN-Platz
Burggrafenstraße 6
10787 Berlin

Telefon: +49 30 2601-0
Telefax: +49 30 2601-1260
Internet: www.beuth.de
E-Mail: kundenservice@beuth.de

Das Werk einschließlich aller seiner Teile ist urheberrechtlich geschützt. Jede Verwertung außerhalb der Grenzen des Urheberrechts ist ohne schriftliche Zustimmung des Verlages unzulässig und strafbar. Das gilt insbesondere für Vervielfältigungen, Übersetzungen, Mikroverfilmungen und die Einspeicherung in elektronische Systeme.

Die im Werk enthaltenen Inhalte wurden von Verfasser und Verlag sorgfältig erarbeitet und geprüft. Eine Gewährleistung für die Richtigkeit des Inhalts wird gleichwohl nicht übernommen. Der Verlag haftet nur für Schäden, die auf Vorsatz oder grobe Fahrlässigkeit seitens des Verlages zurückzuführen sind. Im Übrigen ist die Haftung ausgeschlossen.

© für DIN-Normen DIN Deutsches Institut für Normung e. V., Berlin

Titelbild: © Jenoptik
Satz: B & B Fachübersetzergesellschaft mbH, Berlin
Druck: Drukarnia Leyko, Kraków
Gedruckt auf säurefreiem, alterungsbeständigem Papier nach DIN EN ISO 9706

ISBN 978-3-410-27549-7
ISBN (E-Book) 978-3-410-27550-3

Über den Autor

Dr. Raimund Volk, Jahrgang 1958, studierte von 1978 bis 1984 Physik an der Westfälischen Wilhelms-Universität Münster. Schon damals interessierte er sich sehr stark für die Messtechnik – seine Diplomarbeit „Erzeugung und Messung von ps-Lichtimpulsen mit GaAlAs-Laserdioden“ befasste sich mit den seinerzeit noch neuen Halbleiterlaserdioden.

Später promovierte er an der Universität Paderborn mit dem Thema „Lichtabsorption und optisch induzierte Brechungsindexänderungen in Ti:LiNbO3-Streifenwellenleitern“.

Seit 1990 ist er bei der Jenoptik Industrial Metrology Germany GmbH (früher Hommelwerke) im Bereich der Entwicklung von mechanischen und optischen Messgeräten für den Mikrometerbereich tätig.

Zudem ist Herr Volk Leiter des DAkkS-DKD-Kalibrierlaboratoriums für dimensionelle Messgrößen. Im gleichen Kontext ist er in der Normungsarbeit in verschiedenen Gremien des DIN und des VDI aktiv.

Vorwort

Dieses Buch wurde für den Praktiker geschrieben mit dem Ziel, Merkmale und Methoden der Rauheitsmessung in leicht verständlicher Form abzubilden. Definitionen der Oberflächenkenngrößen finden sich in den einschlägigen Normen wieder.

Die Ziele der Rauheitsmessung sind im Wesentlichen:

- Vermeidung von Ausschuss
- Kostensenkung durch Ausnutzung der Fertigungstoleranzen
- Optimierung des Fertigungsverfahrens mit dem Ziel der Qualitätsverbesserung.

Das vorliegende Handbuch **„Rauheitsmessung – Theorie und Praxis“** soll:

- die verschiedenen Rauheitskenngrößen erläutern
- die Funktion und den Aufbau von Oberflächenmessgeräten beschreiben
- den Anwender beim Einsatz von Oberflächenmessgeräten unterstützen
- dem Konstrukteur die Angabe von Oberflächenkenngrößen erleichtern.

Es werden auch ältere Kenngrößen erläutert, soweit sie heute noch eine nennenswerte Bedeutung haben. In der Praxis ist es nämlich durchaus üblich, die Eintragungen in den Zeichnungen über den ganzen Lebenslauf eines Produktes unverändert zu lassen. Grundlage dafür sind die gültigen DIN-EN-ISO-Normen.

Seit Mitte der 1990er-Jahre sind die meisten der zuvor nur als DIN-Normen vorliegenden Regelwerke überarbeitet worden und über die ISO-Gremien als harmonisierte europäische Normen in Form von DIN-EN-ISO-Normen ins deutsche Normenwerk übernommen worden. Dabei wurde einer exakteren mathematischen Formulierung für die Umsetzung der softwarebasierten Auswertung Rechnung getragen. Dies hat mit zur Folge, dass die Normen komplexer und teilweise schwerer verständlich geworden sind.

Der anwendungsorientierte Teil dieses Buchs geht wesentlich auf das Werk „Surface Texture Analysis – The Handbook“ von Hrn. L. Mummery aus dem Jahr 1990 zurück. Die überarbeitete deutsche Fassung von den Hrn. R. Rometsch und R. Letzner aus dem Jahr 1993 stellte sich als unverzichtbarer Leitfaden für den Praktiker in der Oberflächenmesstechnik heraus.

Die Hintergrundinformationen zur Messtechnik gehen zu einem guten Teil auf das in der Hochschullehre beliebte Werk „Oberflächenmesstechnik mit Tastschnittgeräten in der industriellen Messtechnik“ von Dr. W. Hillmann und Dr. H. Bodschwinna aus dem Jahr 1992 zurück.

Zu der kombinierten Fassung haben zahlreiche weitere Personen beigetragen. Insbesondere hat das Werk durch die langjährige Expertise von Hrn. P. Grode im Bereich der Normung gewonnen. Zu Entwicklungen wie der Drall-Messtechnik und der dominanten Welligkeit haben maßgeblich die Hrn. Prof. Dr. J. Seewig und T. Hercke beigetragen. Allen Autoren und weiteren Helfern sei an dieser Stelle noch einmal herzlich gedankt.

Die Normen auf dem Gebiet der Oberflächenmesstechnik behandeln historisch bedingt jeweils nur eng begrenzte Themen. Aktuelle Arbeiten in den internationalen ISO-Gremien haben zum Ziel, die für die Rauheitsmessung wichtigen Normen mit Sicht auf eine bessere Übersichtlichkeit neu zusammenzufassen. In der vorliegenden Fassung des Buches wird ein Ausblick auf die zu erwartenden erheblichen Änderungen gegeben.

Raimund Volk

Inhalt

1 Einführung

Die Oberflächenmesstechnik nach Abb. 1 ist ein Teilgebiet der Qualitätsprüfung (4), diese ist eng verknüpft mit den Bereichen Entwicklung (1), Konstruktion (2) und Fertigung (3). Ziel des Zusammenwirkens dieser vier Bereiche ist die Fertigung von Produkten mit gleichbleibend hoher Qualität, die ihre vorgesehene Funktion einwandfrei erfüllen müssen.

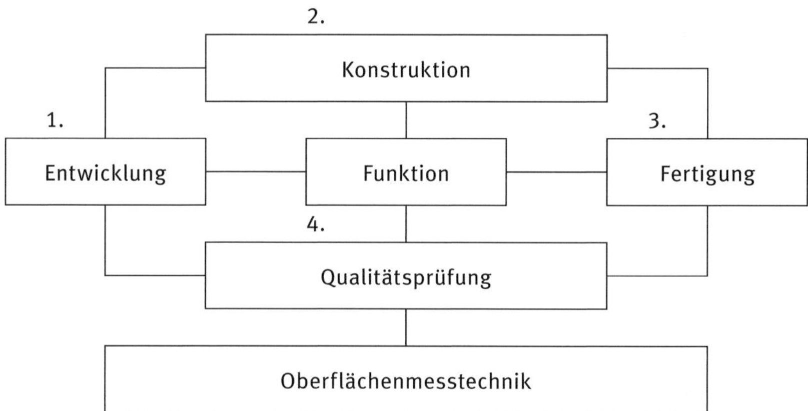

Abb. 1 – Oberflächenmesstechnik in der Qualitätsprüfung

In der Oberflächenmesstechnik stehen zur Beurteilung von Oberflächen verschiedene Mess- und Prüfverfahren zur Verfügung.

Am Anfang wird im Regelfall ein einfacher Sicht- und Tastvergleich stehen, um Oberflächen mit groben Oberflächenunvollkommenheiten oder gar Oberflächenfehlern von vornherein ausscheiden zu können, siehe DIN EN ISO 8785:1990-10. In vielen Fällen genügt auch ein Vergleich mit einem Oberflächen-Vergleichsmuster, um Rauheitswerte quantitativ abzuschätzen. Früher gab es die Normenreihe DIN 4769, die auf der Reihe ISO 2632 beruhte; beide Normenreihen wurden ersatzlos zurückgezogen. In der industriellen Fertigungsprüfung werden weiterhin Vergleichsmuster angewendet, um den etwaigen Messaufwand zu minimieren.

Für Messungen der Oberflächenrauheit nimmt in der Industrie und in der Forschung das elektrische Tastschnittverfahren mit mechanischer Antastung eine nach wie vor zentrale Rolle ein. Dieser Tatsache soll das vorliegende Buch Rechnung tragen.

Seit einigen Jahren gewinnen optische Messverfahren an Bedeutung; sie kommen in den meisten Fällen nur für spezielle Prüfaufgaben zur Anwendung. Für die flächenhafte Messung von Oberflächenkennwerten sind sie unverzichtbar, da die mechanische Abtastung einer Fläche in der Fertigungsmesstechnik zu lange dauern würde. Diese flächenhaften Kenngrößen sind in der Normenreihe DIN EN ISO 25178 beschrieben, von der bisher schon ein Teil veröffentlicht wurde. Auf eine explizite Darstellung dieser Kenngrößen wird der Übersichtlichkeit halber im vorliegenden Buch verzichtet.

Das elektrische Tastschnittverfahren ist seit Jahrzehnten im Gebrauch. Es ist gut erforscht und die Grenzen der Anwendung sind weitgehend bekannt.

Für die Oberflächenmesstechnik sind auf dem Markt die unterschiedlichsten Tastschnittgeräte mit diversem Zubehör zu finden. Moderne Messgeräte für den Einsatz im Labor und zur Verfahrensentwicklung lassen die Messung nahezu aller in DIN EN ISO 4287:2010-07 definierten Kenngrößen zu. Genormte Messbedingungen gibt es nur für verhältnismäßig wenige Rauheitskenngrößen, die im fertigungsnahen Betrieb mit einfacheren Tastschnittgeräten gemessen werden können.

Dieses Buch beschreibt, wie mit Hilfe heutiger elektrischer Tastschnittgeräte und den einschlägigen Normen eine zuverlässige Oberflächenmesstechnik in der industriellen Praxis durchgeführt werden kann. Unter dem Aspekt der optimalen Nutzung der Oberflächenmessgeräte wird ausführlich das Grundwissen über Aufbau, Wirkungsweise, Eigenschaften und Kalibrierung der Messgeräte behandelt. Die Definitionen der genormten Oberflächenkenngrößen und ihre Aussagefähigkeit sowie eine Übersicht über die einschlägigen Normen sind Kerninhalt dieses Buches.

2 Oberflächen

Oberflächen haben unterschiedliche Aufgaben zu erfüllen. Eigenschaften wie glatt, spiegelnd, hart oder rau sind geläufige Begriffe. Neben den ästhetischen Ansprüchen haben die Oberflächen sehr oft eine Bedeutung für die einwandfreie Funktion und die Lebensdauer des Gegenstandes. Chemische Eigenschaften oder die Materialzusammensetzung sind ebenfalls wichtige Merkmale einer Oberfläche, werden hier aber nicht weiter betrachtet.

Die Werkstückkontur wird vom Konstrukteur als scharfe, glatte Linie gezeichnet. Aufgabe der Fertigung ist es, ein Werkstück herzustellen, das möglichst genau der Zeichnung entspricht. Eine völlig glatte Fläche ist nicht herstellbar und nur in den seltensten Fällen erforderlich. Sie kann sich unter Umständen sogar nachteilig auf die Funktion des Teiles auswirken. Dies ist zum Beispiel bei Führungsbahnen der Fall, die ein leichtes Gleiten ermöglichen sollen. Hätten diese Flächen Endmaßqualität, so würden beim Gleiten beide Flächen aneinander haften und könnten ihre Funktion nicht erfüllen. Überdies wäre die Herstellung dieser Flächen unverhältnismäßig teuer.

Aufgabe des Konstrukteurs ist es, die Funktion einer Oberfläche durch Zeichnungseintragungen so zu beschreiben, dass diese Funktion erfüllt werden kann.

Gleichzeitig sind die entstehenden Fertigungskosten zu berücksichtigen, die umso mehr steigen, je feiner eine Oberfläche werden soll, siehe Abb. 2.

Der Konstrukteur muss in der Zeichnung festlegen, wie weit die Werkstückoberfläche von der in der Zeichnung dargestellten geraden Linie abweichen darf. Diese Aufgabe ist meist viel schwieriger als die Festlegung von Maßtoleranzen, die im Allgemeinen als ±-Toleranzen bzw. Grenzabmaße angegeben werden und damit eindeutig bestimmt sind. Im Gegensatz dazu sind Oberflächen komplexe Gebilde, die nicht eindeutig durch Toleranzen beschrieben werden können.

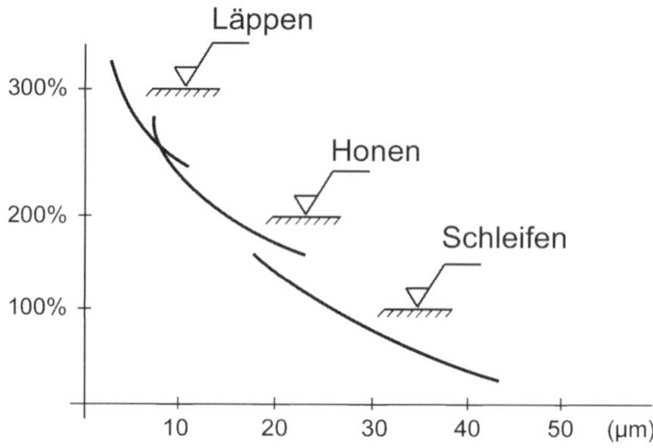

Abb. 2 – Relative Fertigungskosten bei unterschiedlichen Rauheiten

2.1 Funktion einer Oberfläche

Jede Oberfläche erfüllt in der Praxis eine bestimmte Funktion. Diese kann von untergeordneter Bedeutung sein, wie die Außenfläche eines Motorblockes. Sie kann entscheidenden Einfluss auf die Lebensdauer eines Aggregates haben, wie z. B. bei einem Lager.

In solchen Fällen müssen die Eigenschaften der Oberfläche möglichst genau definiert werden, damit sie die vorgesehene Funktion optimal erfüllt.

Im Fertigungsprozess hat jede Veränderung der Maschinen- oder Werkzeugeinstellung oder des Werkzeugzustandes (Verschleiß) automatisch eine Veränderung der bearbeiteten Oberfläche zur Folge. Durch die Oberflächenmessung am gefertigten Werkstück wird der Fertigungsprozess laufend überwacht, um rechtzeitig eingreifen zu können, wenn Fertigungstoleranzen überschritten werden.

Abhängig vom Fertigungsverfahren sind bestimmte Rauheitsbereiche herstellbar. Damit diese Rauheiten mess- und damit vergleichbar sind, wurden sie nach den Oberflächenkenngrößen genormt.

Beispiele für funktionale Oberflächen zeigt die Tab. 1.

Bei allen Beispielen in Tab. 1 besteht ein direkter Zusammenhang zwischen der Funktion der Oberfläche und den geforderten Eigenschaften, der bekannt sein muss, um optimale Rauheitsangaben in Zeichnungen machen zu können.

2.2 Einfluss des Fertigungsverfahrens

Jede Veränderung der Maschinen- oder Werkzeugeinstellung oder des Werkzeugzustandes (Abnutzung) hat eine Veränderung der Oberfläche zur Folge.

Durch Oberflächenmessung am gefertigten Werkstück wird der Fertigungsprozess laufend überwacht. Abb. 3 zeigt die Oberflächen von zwei geschliffenen Teilen. Die Rauheit beider Werkstücke ist sehr unterschiedlich, da Teil A mit einer frisch abgerichteten Scheibe geschliffen wurde, während bei Teil B die Scheibe bereits stumpf war.

Tabelle 1: Zusammenhang zwischen Funktion und geforderten Eigenschaften

Funktion	Geforderte Eigenschaften	Beispiel
Lagerfläche	geringe Reibung	Pleuellager
Leitfähigkeit	große Kontaktfläche	elektrische Schalter
Sichtflächen	gleichmäßige Lichtreflexion	lackierte Bleche
Haftfestigkeit	definierte Mindestrauheit, spezielles Profil	Karosseriebleche
Reibung	scharfe Spitzen, geringe Auflagefläche	Antriebswalzen
Dichtung	große Auflagefläche, geringer Abrieb	Kolbenringe

vor dem Abrichten der Schleifscheibe

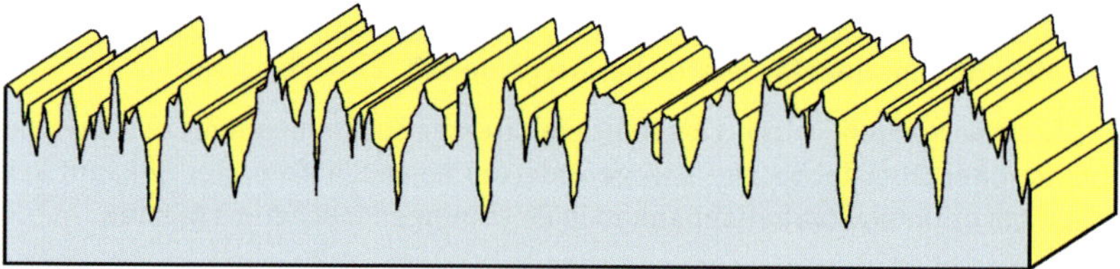

nach dem Abrichten der Schleifscheibe

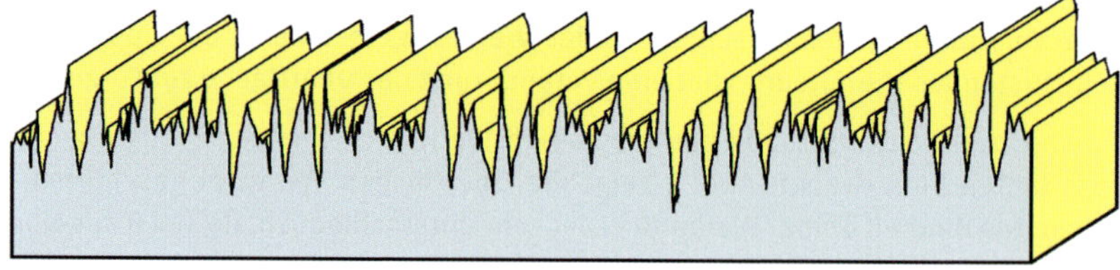

Abb. 3 – Vergleich von zwei Oberflächen, vor und nach dem Abrichten der Schleifscheibe. Die vertikale Richtung ist hier, wie in den meisten Profildarstellungen, überhöht dargestellt.

Die scharfe Körnung aus der Scheibe war herausgerissen und das Werkstück kam nur noch mit dem Bindemittel in Berührung. Die stärker zerklüftete Werkstückoberfläche zeigt, dass die Scheibe abgerichtet werden muss, um die ursprüngliche Oberflächengüte wieder zu erzielen.

2.3 Prüfmittel für die Oberflächenrauheit

Am einfachsten und billigsten ist der Tastvergleich eines Werkstückes mit Oberflächenvergleichsmustern bekannter Rauheit oder die rein visuelle Beurteilung. Beide Verfahren sind subjektiv und beinhalten menschliche Unzulänglichkeiten.

Die Erfassung der Oberfläche, Geometrie und Rauheit mit Oberflächenmessgeräten und deren Bewertung mit Maßzahlen stellen ein objektives Verfahren dar, das jederzeit nachvollziehbar ist.

2.4 Herstellung von Oberflächen

Oberflächen werden entweder durch ein einziges oder eine Folge verschiedener Fertigungsverfahren hergestellt. Eine Zylinderbüchse wird erst gegossen, dann gebohrt, gehont und evtl. noch verchromt. Die endgültige Oberfläche entsteht hier durch mehrere, einander folgende Bearbeitungsprozesse, die sinnvoll aufeinander abgestimmt werden müssen.

Bei den Bearbeitungsverfahren unterscheidet man zwischen:

- Materialabtrennenden Verfahren, z. B. Drehen, Schleifen, Honen, Ätzen
- Materialauftragenden Verfahren, z. B. Galvanisieren, Lackieren, 3D-Druck
- Formenden Verfahren, z. B. Walzen, Schmieden, Gießen.

Durch die verschiedenen Verfahren entstehen entweder regelmäßige (periodische) Profile, wie z. B. durch Drehen oder Fräsen, oder unregelmäßige (aperiodische) Profile, wie z. B. durch Schleifen oder Kugelstrahlen.

Beispiele für periodische beziehungsweise aperiodische Profile zeigen die Abb. 4 und 5.

Abhängig vom Fertigungsverfahren sind bestimmte Rauheitsbereiche erreichbar. So erhält man beim Fräsen üblicherweise *Ra*-Werte zwischen 0,2 µm und 20 µm.

Die Abb. 6 aus DIN 4766-2:1981-03 (zurückgezogene Norm) zeigt die bei verschiedenen Fertigungsverfahren erzielbaren *Ra*-Werte.

Abb. 4 – Drehfläche, periodisches Profil

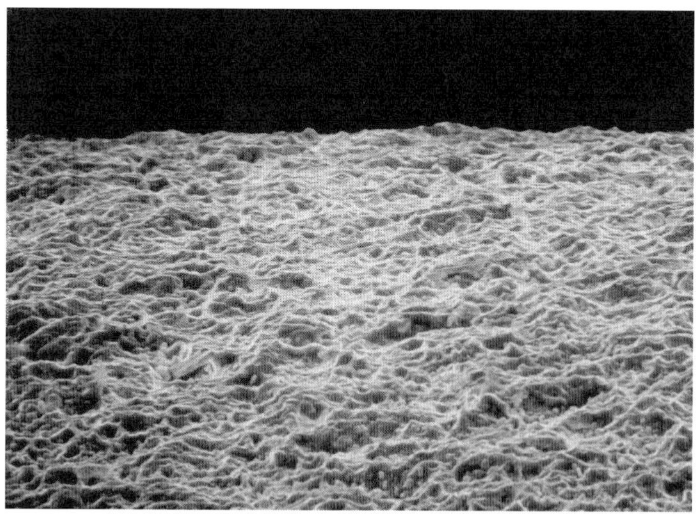

Abb. 5 – Kokillenguss, aperiodisches Profil

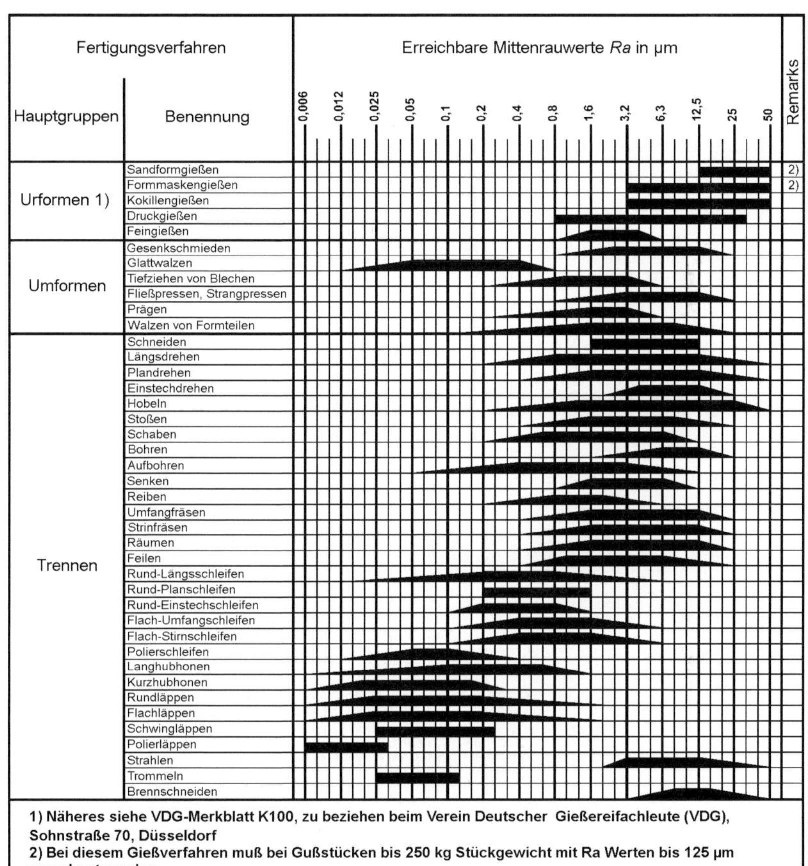

Abb. 6 – Herstellverfahren und Rauheit von Oberflächen (*Ra*)
DIN 4766-2:1981-03 (zurückgezogene Norm)

2.5 Die Oberfläche als komplexes Gebilde

Alle Oberflächen haben unabhängig vom Maßstab dieselben Grundmerkmale. Eine Straßenoberfläche gleicht in ihren Grundzügen einer durch Schleifen hergestellten Fläche.

Die in Abb. 7 dargestellte Straße führt über Hügel und Täler. Vergrößert dargestellt enthält sie einerseits Wellen, die durch ungleichmäßiges Absenken des Unterbaus entstanden sind, und andererseits Rauheit, herrührend von der Größe des im Teer enthaltenen Siebmaterials.

Die Straße entspricht einer Oberfläche, die drei voneinander unabhängige Merkmale besitzt: Hügel, Wellen und Rauheit. Die Größe dieser drei Merkmale ist bestimmend für die Funktionseignung der Straße. Die Ursachen für diese drei Merkmale und ihre Auswirkungen auf die Funktion der Straße sind weitgehend unabhängig voneinander. Diese Tatsache gilt für alle industriell hergestellten Oberflächen.

Nach einem starken Regen bildet sich auf einer glatten Straßenoberfläche ein Wasserfilm, der Fahrzeuge ins Schleudern kommen lässt. Ursache dafür ist die Größe des im Asphalt verwendeten Siebmaterials und die daraus resultierende Rauheit der Straßenoberfläche.

Durch einen besseren Straßenunterbau und tiefere Geländeeinschnitte könnte die Größe der Wellen und Hügel verringert werden, aber an der Schleudergefahr würde sich dadurch nichts ändern. Eine bessere Bodenhaftung der Fahrzeuge lässt sich nur durch gröberes Siebmaterial im Asphalt erzielen, um dadurch die Straßenoberfläche rauer zu gestalten.

Abb. 7 – Eine Straße gleicht einem Oberflächenprofil.

Ein bearbeitetes Werkstück gleicht einer Straße. Das in Abb. 8 dargestellte Werkstück wurde vom Konstrukteur ohne Gestaltabweichungen entworfen und auf einer Drehmaschine gefertigt. Das Ergebnis ist ein Werkstück mit Formabweichungen, Welligkeit und Rauheit.

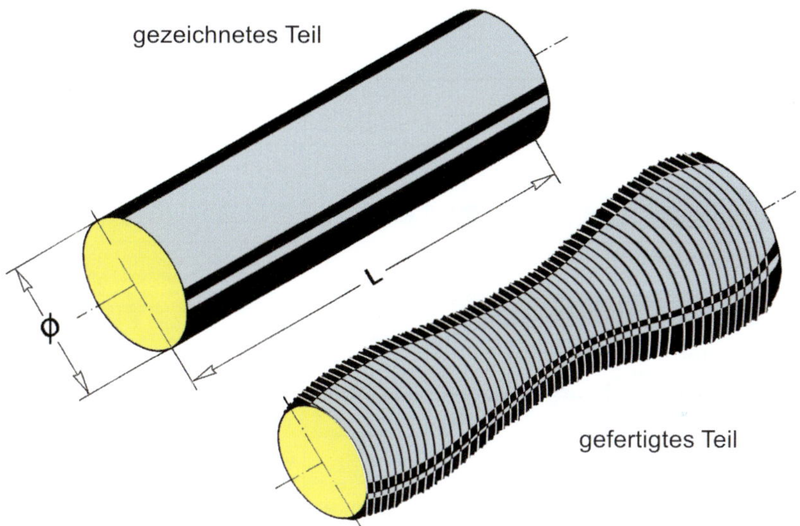

Abb. 8 – Vergleich zwischen Soll- und Istoberfläche

Die Gestaltabweichung am Werkstück ist eine Folge der Abweichungen zwischen Spindel- und Werkstückachse. Die Welligkeit entsteht durch Maschinenschwingungen, während die Rauheit von Schnittbedingungen und Werkzeuggeometrie erzeugt wird.

Nach DIN 4760:1982-06 werden die Gestaltabweichungen von Oberflächen in 6 Ordnungen unterteilt, siehe Abb. 9.

Die wichtigsten sind die Formabweichung, die Welligkeit und die Rauheit.

2.6 Unterscheidung von Oberflächenunregelmäßigkeiten

Jede Oberfläche besteht aus einer Überlagerung verschiedener Gestaltabweichungen. Die Unterscheidung zwischen Welligkeit und Rauheit hängt vom Verhältnis zwischen Länge und Tiefe der Gestaltabweichungen ab. Als Welligkeiten werden Abweichungen von der geometrisch idealen Oberfläche bezeichnet, deren Länge ein beträchtliches Vielfaches ihrer Tiefe beträgt. Rauheit liegt vor, wenn die Länge der Abweichungen nur ein geringes Vielfaches ihrer Tiefe umfasst. Die Grenze, an der die Welligkeit in Rauheit übergeht (Beispiel Straßenoberfläche), ist willkürlich. Es gibt keine absolute Definition dafür, was Rauheit ist und wann diese in Welligkeit übergeht. Um zwischen beiden Größen unterscheiden zu können, wurde der Begriff der Grenzwellenlänge eingeführt, die in mm angegeben wird.

Gestaltabweichung (als Profilschnitt überhöht dargestellt)	Beispiele für die Art der Abweichung	Beispiele für die Entstehungsursache
1. Ordnung: Formabweichungen	Geradheits-, Ebenheits-, Rundheits-Abweichung, u.a.	Fehler in den Führungen der Werkzeugmaschine, Durchbiegung der Maschine oder des Werkstückes, falsche Einspannung des Werkstückes, Härteverzug, Verschleiß
2. Ordnung: Welligkeit	Wellen (siehe DIN 4761)	außermittige Einspannung, Form- oder Laufabweichungen eines Fräsers, Schwingungen der Werkzeugmaschine oder des Werkzeuges.
3. Ordnung: Rauheit	Rillen (siehe DIN 4761)	Form der Werkzeugschneide, Vorschub oder Zustellung des Werkzeuges
4. Ordnung: Rauheit	Riefen Schuppen Kuppen (siehe DIN 4761)	Vorgang der Spanbildung (Reißspan, Scherspan, Aufbauschneide), Werkstoffverformung beim Strahlen, Knospenbildung bei galvanischer Behandlung
5. Ordnung: Rauheit Anmerkung: nicht mehr in einfacher Weise bildlich darstellbar	Gefügestruktur	Kristallisationsvorgänge, Veränderung der Oberfläche durch chemische Einwirkung (z. B. Beizen), Korrosionsvorgänge
6. Ordnung: Anmerkung: nicht mehr in einfacher Weise bildlich darstellbar	Gitteraufbau des Werkstoffes	

Die dargestellten Gestaltabweichungen 1. bis 4. Ordnung überlagern sich in der Regel zu der Istoberfläche.

Beispiel:

Abb. 9 – Beispiele für Gestaltabweichungen nach DIN 4760:1982-06

Die Grenzwellenlänge ist ein willkürlich gewählter Wert, der in einem komplexen Profil die Grenze zwischen Welligkeit und Rauheit festlegt.

In der Praxis werden mathematische Filter verwendet, um zwischen Welligkeit und Rauheit zu unterscheiden, siehe Abschnitt 6.

3 Oberflächenkenngrößen

Mit dem Übergang vom gesamten Profil auf nur eine einzige Zahl – die Rauheitskenngröße – geht eine drastische Vereinfachung der Beschreibung der Oberfläche einher. Es ist zu bedenken, dass von einem Oberflächenprofil immer eindeutig auf die Kenngröße geschlossen werden kann. Umgekehrt ist es nicht möglich, von einer Kenngröße das zugehörige Profil abzuleiten.

In den meisten Fällen ist es daher erwünscht, eine objektive und zusammenfassende Beschreibung eines Oberflächenprofils zu erhalten. Dies geschieht durch Berechnung von Kenngrößen. In den Wert der Oberflächenkenngröße gehen alle gemessenen Datenpunkte ein. Erst eine Kenngröße lässt sich einfach mit einer vorgegebenen Toleranz vergleichen.

Das Problem bei der Oberflächenbeurteilung liegt weniger in ihrer messtechnischen Erfassung als vielmehr darin, der Oberfläche einen Zahlenwert für eine Rauheitskenngröße zuzuordnen, der ihre wesentlichen Eigenschaften beschreibt und aussagefähige Angaben über ihr späteres Funktionsverhalten liefert. Moderne Oberflächenmessgeräte bieten eine große Anzahl verschiedener Oberflächenkenngrößen an, deren Aussagekraft unterschiedlich ist, siehe Zusammenstellung in Tab. 2.

Wichtiger ist, die passende Kenngröße auszuwählen. Jede Kenngröße sollte möglichst genau eine technisch relevante Eigenschaft der gemessenen Oberfläche widerspiegeln. Dies gilt besonders, wenn das verwendete einfache Ober-

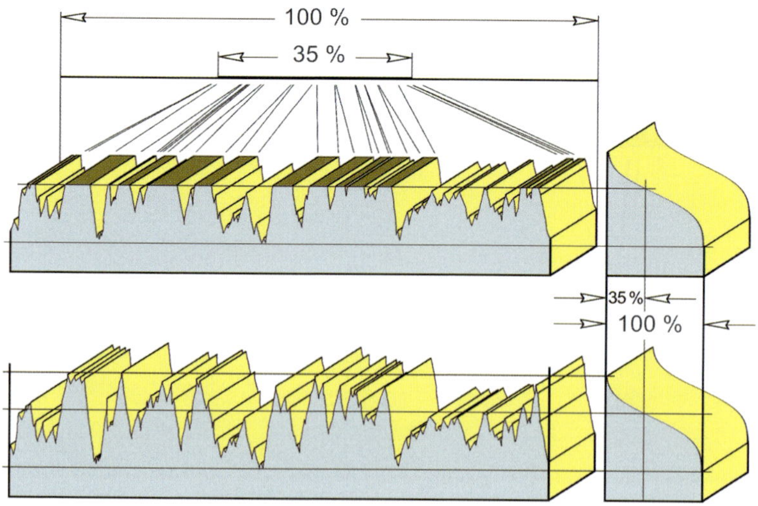

Abb. 10 – Für die Auswertung des Oberflächenprofils stehen zahlreiche Oberflächenkenngrößen zur Verfügung

flächenmessgerät es nicht zulässt, das Originalprofil zu speichern. Besteht dagegen die Möglichkeit, das Profil zu speichern, kann jederzeit nachträglich eine neue Auswertung mit neuen Kenngrößen vorgenommen werden.

Werden Oberflächen mit unterschiedlichen Strukturen gemessen, so liefern die Messergebnisse deutlich andere Werte. Ist dies nicht der Fall, sind die Ergebnisse nicht verwertbar und es muss eine andere Kenngröße zur Beurteilung herangezogen werden.

Die Kenngrößen müssen also im Hinblick auf die Kriterien ausgesucht werden, die voneinander unterschieden werden sollen.

Alle Rauheitskenngrößen (außer den Kenngrößen aus dem P-Profil) werden aus dem gefilterten Profil berechnet. Deshalb ist die Wahl der Grenzwellenlänge von großer Bedeutung. Häufig wirkt sich deren Größe auf das Messergebnis aus. Besonders bei Vergleichsmessungen ist es unerlässlich zu wissen, mit welchem Filtertyp und mit welcher Grenzwellenlänge gemessen werden soll.

Das gemessene Oberflächenprofil hat in der grafischen Darstellungsweise bei der direkten Betrachtung für den Fachmann eine große Aussagekraft. Handelt es sich um einen neuen Typ von Oberfläche, ist eine kritische Betrachtung der Grafik immer zu empfehlen.

Das Profil wird in x- und z-Richtung mit stark unterschiedlicher Vergrößerung angezeigt. Die Details werden erst durch eine entsprechende Überhöhung sichtbar. Allerdings werden die Konturelemente, wie z. B. Winkel und Kreisbögen, verzerrt – Winkel werden spitzer und aus Kreisbögen werden Ellipsen.

An älteren Oberflächenmessgeräten wurden Vergrößerungsfaktoren für die x- und die z-Achse eingestellt. Das machte Sinn, da die Dokumentation der Messergebnisse meistens einmalig auf (speziellem) Papier erfolgte. Mittlerweile werden die Daten der Profile oft im Rechner gespeichert und nur noch auf dem Bildschirm angezeigt. Anstelle der Vergrößerungsangabe wird eine Skala oder ein Maßstab mit angezeigt.

3.1 Bedeutung der Kenngrößen

Mit Erscheinen der DIN EN ISO 4287:2010-07 sowie der Normenreihe DIN EN ISO 25178 für die flächenhafte Oberflächenbeschaffenheit sind sehr viele zusätzliche Oberflächenkenngrößen verfügbar. Die verschiedenen Kenngrößen haben in der Praxis eine stark unterschiedliche Bedeutung erlangt. Darunter sind Kenngrößen, die eher selten angewendet werden oder keine internationale Verbreitung erfahren haben.

3.1.1 Wichtige aktuelle Kenngrößen

Eine Auswahl der wichtigsten Oberflächenkenngrößen ist immer subjektiv und stellt eine Momentaufnahme dar. Die aufgeführte Liste von Kenngrößen beruht auf der Beobachtung von gängigen Zeichnungseintragungen und der Realisierung in Oberflächenmessgeräten mit Schwerpunkt auf ihrer Verbreitung im europäischen Raum.

In anderen Teilen des Weltmarktes, etwa in Japan oder den USA, sind gewisse Vorlieben für andere Oberflächenkenngrößen zu beobachten, die vornehmlich aus den Zeiten vor dem Vorhandensein einer internationalen Normung stammen. In den Richtlinien von Industrieverbänden oder in Werksnormen gibt es ebenfalls häufig bevorzugte Kenngrößen.

Mit der Normenreihe DIN EN ISO 25178 für die flächenhafte Oberflächenbeschaffenheit sind zahlenmäßig viele neue Kenngrößen hinzugekommen, in ihrer Funktionsaussage sind sie größtenteils den bisher bekannten aus einem einfachen Tastschnitt abgeleiteten Kenngrößen nachempfunden. Wenn bei der flächenhaften Oberflächenmessung die anspruchsvollen Messbedingungen für die Messung eines einzelnen Oberflächenprofils eingehalten werden, kann durch die Mittelung über viele Profile die statistische Sicherheit des Messergebnisses verbessert werden.

Im Abschnitt 3.11 sind einige neue flächenhafte Oberflächenkenngrößen beschrieben, die weitergehende Aussagen über die **Struktur** der Oberfläche ermöglichen.

Die im Folgenden aufgeführten Kenngrößen sind im Hinblick auf ihre internationale Verbreitung ausgesucht und beschreiben einzeln oder zusammen sehr gut die technisch wichtige Charakteristik einer Oberfläche.

Ra

Der arithmetische Mittenrauwert hat sich weltweit als Standard-Rauheitskenngröße etabliert, siehe Abschnitt 3.4.1. Die Kenngröße ist gut geeignet, um sich einen ersten Überblick zu verschaffen. Allerdings reagiert *Ra* nur schwach auf den unterschiedlichen Typ einer Oberfläche, z. B. auf einzelne Spitzen oder Riefen.

Rz

Die gemittelte Rautiefe hat sich als eine besonders wichtige Rauheitskenngröße etabliert, siehe Abschnitt 3.4.3. *Rz* reagiert sensibel auf die verschiedenen Oberflächentypen. Durch die eingebaute Mittelwertbildung aus den 5 zugrunde liegenden Einzelmessstrecken wirken sich einzelne herausragende Spitzen nur abgeschwächt aus. Zur Kontrolle sollte neben *Rz* immer *Rmax* (bzw. *Rz1max*) ebenfalls ausgewertet werden.

Rmax

Die maximale Rautiefe aus DIN 4768:1990-05 (zurückgezogene Norm) entspricht dem neueren *Rz1max* aus DIN EN ISO 4287:2010-07, siehe Abschnitt 3.4.3. *Rmax* reagiert ähnlich wie *Pt* auf das gesamte Profil, wird aber aus dem R-Profil berechnet, wie an der Bezeichnung ablesbar. Damit entfallen gegenüber der Anwendung von *Pt* die Problematik eines Formanteils in der Messung sowie die mit dem Ausrichten verbundenen Probleme.

Rk

Die Kernrautiefe ist eine Kenngröße zur Tragfähigkeit einer technischen Oberfläche, siehe Abschnitt 3.8.2. Diese Kenngröße wurde als eine der ersten nach dem Aufkommen leistungsfähiger Rechner geschaffen. *Rk* hat einfachere Kenngrößen abgelöst. Die auf eine Werksnorm zurückgehende Kenngröße *R3z* beispielsweise wurde im Laufe der Zeit weitgehend von *Rk* verdrängt.

Rmr, Pmr

Materialanteil, siehe Abschnitt 3.8.1. Wichtig für die Funktionsfähigkeit einer Oberfläche ist in der Praxis nicht alleine ihre Rauheit, sondern auch ihre Profilform. Der Materialanteil des R-Profils *Rmr* ist für diesen technisch häufig vorkommenden Anwendungsfall gedacht. In einigen Fällen sind die unvermeidlichen Verzerrungen des gefilterten Profils im Bereich sehr ausgeprägter Spitzen oder Riefen so gravierend, dass der *Rmr* merklich verfälscht wird. In diesen Fällen wird stattdessen der Materialanteil des P-Profils *Pmr* verwendet.

Pt

Die Profiltiefe ist die einzige gebräuchliche Kenngröße aus dem P-Profil, siehe Abschnitt 3.6.1. Da das P-Profil nicht bzw. nur schwach gefiltert wird (λs), kann diese Kenngröße bei sehr kurzen Taststrecken angewendet werden.

RSm

Der mittlere Rillenabstand ist die universelle Kenngröße zur Beurteilung des Periodenabstands, z.B. bei Drehriefen, siehe Abschnitt 3.7.3. Wichtig ist die Vereinbarung über die Zählschwellen, welche das Erkennen eines Oberflächenelements festlegen. Die Kenngröße kann mit den meisten Oberflächenmessgeräten gemessen werden.

3.1.2 Neue Kenngrößen

Es kamen auch gänzlich neue Kenngrößen hinzu. Beispiele sind die dominante Wellenlänge (Abschnitt 3.5.2) und Drall-Kenngrößen (Abschnitt 3.11.1). Typisch für viele der neuen Kenngrößen ist, dass die Auswertung sehr rechenintensiv ist und nur auf den leistungsfähigen modernen Oberflächenmessgeräten durchgeführt werden kann.

In der Industrieforschung und an den Hochschulen gibt es eine kontinuierliche Entwicklung neuer und besser an die Aufgabenstellung angepasster Oberflächenkenngrößen. Aktuelle Themen der Forschung betreffen beispielsweise Fragestellungen, wie die Tiefziehbarkeit und Lackierbarkeit von Blechen optimal durch Kenngrößen beschrieben werden kann.

Welche der neuen Kenngrößen auf Dauer in der Praxis eingesetzt werden, ist zurzeit noch unsicher. Der Trend geht dahin, Kenngrößen zu schaffen, die möglichst unmittelbar eine gewünschte Funktionalität des Werkstücks beschreiben.

3.1.3 Weniger gebräuchliche Kenngrößen

Die Vielzahl der Oberflächenkenngrößen wurde im Laufe der Zeit geschaffen, um möglichst viele Oberflächeneigenschaften mit einfachen Zahlen ausdrücken zu können. Für übliche Fragestellungen an eine technische Oberfläche in Bezug auf Eigenschaften wie Reibung, Glanz, Lackierbarkeit, Tragfähigkeit und Dichtheit kommt man in der Praxis mit wenigen bewährten Kenngrößen aus. Diese sind in Tab. 2 hervorgehoben dargestellt.

Im Rahmen von Warenausgangs- und Wareneingangsprüfungen, oft an Orten auf unterschiedlichen Kontinenten, sind oft auch Rauheitsangaben zu prüfen. Weltweit ist eine Vielzahl von unterschiedlich leistungsfähigen und mehr oder weniger modernen Oberflächenprüfgeräten im Einsatz.

Bei der Auswahl der Kenngrößen ist es daher empfehlenswert, sich auf die bewährten Kenngrößen zu beschränken, welche in den meisten neueren Messgeräten implementiert sind. Anstelle einer „exotischen“ Oberflächenkenngröße macht die Verwendung einer Kombination mehrerer gebräuchlicher Kenngrößen häufig mehr Sinn.

Außerdem ist zu bedenken, dass viele Kenngrößen außerhalb der DIN EN ISO 4287:2017-10, DIN EN ISO 13565:1998-04 und der Normenreihe DIN EN ISO 3274 nicht exakt definiert sind. Interpretationsspielräume führen zu Abweichungen der Kenngrößen von mehreren Prozent. Im Fall der DIN EN ISO 12085:1998-05 (Motifkenngrößen) führte dieser Umstand unter Leitung der Technischen Universität Chemnitz zu einer Ausführungsrichtlinie, welche die Norm ergänzt. Diese Richtlinie wird aber nicht weltweit angewendet.

Die fortschreitenden Ansprüche an die Werkstückoberflächen und der daraus resultierende technische Fortschritt bei den elektrischen Tastschnittgeräten führen allmählich in der Auswahl der bewährten Oberflächenkenngrößen zu einem stetigen Wandel.

Einige ältere Rauheitskenngrößen wurden im Laufe der Zeit immer seltener angewendet. Dazu gehören insbesondere Kenngrößen aus Werknormen. Manche Werknorm wurde nachträglich in leicht modifizierter Weise „genormt“.

Mit Erscheinen der international gültigen Norm wurde dann bevorzugt nur noch die neue Kenngröße verwendet. Ein Beispiel dafür ist die Ablösung von *R3z* durch *Rk* nach der Normenreihe DIN EN ISO 13565.

3.2 Verwechslungsgefahren

Einige Oberflächenkenngrößen haben aufgrund der zwischenzeitlich geänderten Normen eine neue Bedeutung bekommen, ohne aber ihr Kurzzeichen zu ändern. Hier besteht ein erhebliches Potenzial für Verwechslungen, da das Kurzzeichen alleine das Messverfahren nicht mehr eindeutig beschreibt.

Die richtige Bedeutung kann nur ermittelt werden, wenn der Entstehungsort und das Datum bekannt sind. Anhand dieser Informationen kann auf die Norm geschlossen werden, die zur Zeit der Eintragung des Kurzzeichens in die technische Zeichnung gültig war.

Pt und *Rt* haben eine andere Bedeutung als vor vielen Jahren in Deutschland üblich. Wegen der Verwechslungsgefahr – und weil es inzwischen gleichwertigen Ersatz gibt – wird die Verwendung in der alten Bedeutung nicht mehr empfohlen.

Daneben gab es immer wieder weitere kleinere Änderungen an der Bedeutung von Kenngrößen. Solche Änderungen ergeben sich beispielsweise, wenn die den meisten Oberflächenkenngrößen zugrunde liegende Filtercharakteristik neu definiert wird. Die Werte nach der neuen Definition liegen dabei normalerweise innerhalb der natürlichen Streuung, die sich aus der Verteilung über die Oberfläche ergibt. Daher sind die aus der Definition resultierenden Abweichungen in der Regel vernachlässigbar.

Neben der richtigen Kenngröße ist auch die Einheit entscheidend, in der das Ergebnis der Messung angegeben wird. Im metrischen Verbreitungsgebiet sind mm und µm üblich, im angelsächsischen Raum bis heute inch und µinch.

3.3 Übersicht über die Kenngrößen

In der Tab. 2 ist eine Auswahl aktueller Oberflächenkenngrößen aufgeführt. Die meisten Kenngrößen sind in den DIN-EN-ISO-Normen definiert. Falls die jeweilige Kenngröße auf gleiche Weise auch in anderen aktuellen Normen definiert ist, wird diese zusätzlich aufgeführt.

Für alle diese Kenngrößen gilt, dass sie entweder vom P-Profil, R-Profil oder W-Profil abgeleitet werden. Das Profil bestimmt den Anfangsbuchstaben der Kenngröße. Nicht jede Kombination macht in der Praxis Sinn.

Zusätzlich sind Kenngrößen angegeben, die innerhalb bestimmter Anwenderkreise wie z. B. der Automobilindustrie oder der blechverarbeitenden Industrie verwendet werden.

Einige „klassische“ Kenngrößen aus der alten DIN 4762:1989-01 (zurückgezogene Norm) wie *Ra*, *Rz* und *Rmax* haben keine Benennung mehr, weil sie in den Definitionen mit den *P*- und *W*-Größen gleichlautend definiert sind. Es wird dennoch empfohlen, die geläufigen Benennungen „arithmetischer Mittenrauwert“, „gemittelte Rautiefe“ und „maximale Rautiefe“ beizubehalten.

Wegen der umstrittenen Auslegung der Definition beim *Rz1max* wird die Beibehaltung der alten Bezeichnung *Rmax* empfohlen, siehe Abschnitt 9.2.1.

Tab. 2 – Aktuelle Oberflächenkenngrößen zur Verwendung bei Neukonstruktionen, alphabetisch sortiert. Oft angewendete Kenngrößen sind hervorgehoben.

Kenngröße	Benennung	Norm
AR	Mittlere Teilung des Rauheitsmotifs	DIN EN ISO 12085
AW	Mittlere Länge des Rauheitsmotifs	DIN EN ISO 12085
d	Rillentiefe	DIN EN ISO 5436
Mr1	Materialanteil	DIN EN ISO 13565
Mr2	Materialanteil	DIN EN ISO 13565
Pc	Spitzenzahl	EN 10049, SEP 1940
Pmr	**Materialanteil des P-Profils**[1]	DIN EN ISO 4287, BS 1134
Pt	**Profiltiefe**[2]	DIN EN ISO 4287
R	Mittlere Tiefe des Rauheitsmotifs	DIN EN ISO 12085
Rc	Mittlere Höhe der Profilelemente	DIN EN ISO 4287
RΔq	Quadratische mittlere Profilsteigung	DIN EN ISO 4287
Rq	Quadratischer Mittenrauwert	DIN EN ISO 4287
R3z	Grundrautiefe	Werksnorm Motorenbau
R3zmax	Maximale Grundrautiefe	Werksnorm Motorenbau
Ra	**Arithmetischer Mittenrauwert**	DIN EN ISO 4287, BS 1134, ANSI B 46.1
Rk	**Kernrautiefe**	DIN EN ISO 13565
Rku	Kurtosis/Steilheit	DIN EN ISO 4287
Rmr	**Materialanteil des R-Profils**[3]	DIN EN ISO 4287, BS 1134

1) vorher *tpa* (Makroprofiltraganteil)

2) Achtung: Neue Bedeutung!

3) vorher *tpi* (Mikroprofiltraganteil)

Kenngröße	Benennung	Norm
Rp	**Mittlere Glättungstiefe**[4]	DIN EN ISO 4287
RPc	Spitzenzahl	SEP 1940
Rpk	Reduzierte Spitzenhöhe	DIN EN ISO 13565
Rpk*	Spitzenhöhe	Werknorm Jenoptik AG
Rq	Quadratischer Mittenrauwert	DIN EN ISO 4287
RSk	Schiefe	DIN EN ISO 4287
RSm	**Mittlerer Rillenabstand**	DIN EN ISO 4287, BS 1134
Rt	Rautiefe[5]	DIN EN ISO 4287
Rv	Maximale Riefentiefe[6]	Blechindustrie
Rvk	Reduzierte Riefentiefe	DIN EN ISO 13565
Rvk*	Riefentiefe	Blechindustrie
Rv	Mittlere Riefentiefe	DIN EN ISO 4287
Rx	Maximale Tiefe des Rauheitsmotifs	DIN EN ISO 12085
Rz	**Gemittelte Rautiefe**	DIN EN ISO 4287
Rmax	**Maximale Rautiefe**[7]	DIN 4768:1990
VO	Ölrückhaltevolumen	Werknorm Jenoptik AG
W	Mittlere Tiefe des Welligkeitsmotifs	DIN EN ISO 12085
Wt	Wellentiefe	DIN EN ISO 4287
Wte	Gesamttiefe der Welligkeit	DIN EN ISO 12085
Wx	Maximale Tiefe des Welligkeitsmotifs	DIN EN ISO 12085

Einige ältere Oberflächenkenngrößen sind in Tab. 3 aufgeführt. Für manche dieser Kenngrößen gibt es in den neuen Normen keine entsprechende Größe mehr. Teilweise hat sich nur das Kurzzeichen geändert. In einigen Fällen steht die neue Definition in Widerspruch zu einer alten Festlegung.

[4] Achtung: Neue Bedeutung – nicht mehr als Maximalwert definiert!

[5] Achtung: Neue Bedeutung!

[6] Achtung: Neue Bedeutung – nicht mehr als Maximalwert definiert!

[7] entspricht *Rz1max*, siehe Abschnitt 9.2.1

Für neue Zeichnungseinträge sollen die älteren Kenngrößen aus Tab. 3 nicht verwendet werden.

Tab. 3 – Oberflächenkenngrößen zur Interpretation von Eintragungen in älteren Zeichnungen

Kenngröße	Bezeichnung	Norm
Δa	Arithmetische, mittlere Profilneigung	DIN 4762, ISO 4287
λa	Mittlere Wellenlänge des Profils	DIN 4762, ISO 4287
Δq	Geometrische, mittlere Profilneigung	DIN 4762, ISO 4287
λq	Mittlere quadratische Wellenlänge	DIN 4762, ISO 4287
L0	Gestreckte Profillänge	DIN 4762, ISO 4287
LR	Profillängenverhältnis	DIN 4762, ISO 4287
NR	Normierte Riefenzahl	Werknorm Jenoptik AG
Rpm	Mittlere Glättungstiefe	DIN 4762
Rvm	Mittlere Riefentiefe	DIN 4762
Rz(ISO)	Zehnpunktehöhe	DIN 4762, ISO 4287, BS 1134
Sm	Mittlerer Rillenabstand	DIN 4762, ISO 4287, BS 1134

3.4 Rauheitskenngrößen

Die Profilkenngrößen sind nach DIN EN ISO 4287:2010-07 an der Einzelmessstrecke definiert. Die Rauheitskenngrößen werden zunächst auf Basis der Einzelmessstrecke berechnet. Soweit nicht anders angegeben, ergibt sich der Wert der Rauheitskenngröße durch Mitteln der Ergebnisse aus (direkt hintereinander liegenden) Einzelmessstrecken.

3.4.1 *Ra* – Arithmetischer Mittenrauwert

Ra zählt zu den ältesten Rauheitskenngrößen. Noch heute ist diese Kenngröße sehr verbreitet, siehe Abschnitt 3.1.1. Sie tritt ebenfalls unter den Bezeichnungen *CLA* und *AA* auf.

Die Kenngröße *Ra* wird bevorzugt verwendet, um allmähliche Veränderungen der Oberfläche durch Werkzeugverschleiß zu überwachen. Mit *Ra* ist keine Unterscheidung zwischen Spitzen und Riefen möglich. Gleiches gilt für die Unterscheidung verschiedener Profilformen.

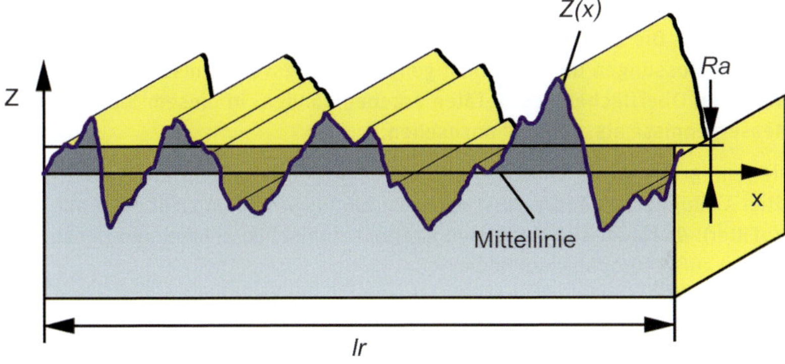

Abb. 11 – Arithmetischer Mittenrauwert *Ra*

Abb. 12 zeigt drei Profile mit unterschiedlichen Strukturen, die trotzdem fast denselben *Ra*-Wert aufweisen.

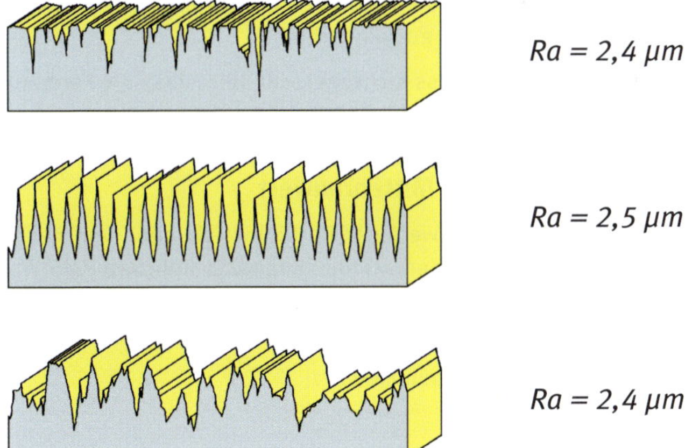

Abb. 12 – Unterschiedliche Profile mit fast gleichen *Ra*-Werten

Ra eignet sich nur dann als Kenngröße zur Qualitätsprüfung, wenn der Charakter der Rauheit aus Voruntersuchungen bekannt ist. Bei Änderung des Fertigungsverfahrens sollte *Ra* erst wieder nach einer entsprechenden neuen Untersuchung des Oberflächencharakters weiterverwendet werden.

Die verhältnismäßig schwache Aussagekraft von *Ra* ist auf der anderen Seite von Vorteil. Die Kenngröße reagiert nur schwach auf einzelne Störungen, die sich bei Messungen unter ungünstigen Umgebungsverhältnissen oder mit sehr einfachen Oberflächenmessgeräten ergeben können. In diesem Sinne sind die Messergebnisse als „robust" anzusehen.

Die Kenngröße ist in nahezu allen Tastschnittgeräten integriert, selbst in den alten Analoggeräten (dort meist nur in Verbindung mit dem nicht mehr aktuellen RC-Filter). *Ra* findet sich auf vielen älteren technischen Zeichnungen, insbesondere im außereuropäischen Raum.

Ra wurde früher in England als *CLA* – Center Line Average – bzw. in den USA als *AA* – Arithmetic Average – bezeichnet. Aus Abb. 11 ist erkennbar, dass er die mittlere Abweichung des Profils von der mittleren Linie darstellt. *Ra* wird nach folgender Formel berechnet:

$$Ra = \frac{1}{\mathrm{ln}} \int_{0}^{\mathrm{ln}} |z(x)|\, dx$$

Ra kann mit den einfachsten Tastschnittgeräten ermittelt werden. Da er per Definition einen Mittelwert darstellt, streuen die Ergebnisse von Messstelle zu Messstelle wenig und sind sehr gut wiederholbar.

Vor der Berechnung von *Ra* muss sichergestellt sein, dass die Formanteile aus der Messung entfernt wurden, siehe Abschnitt 5.1.3.

3.4.2 *Rq* – Quadratischer Mittenrauwert

Rq ist der quadratische Mittelwert der Profilabweichungen von der mittleren Linie. Laut Definition ist er mit dem früher in den USA üblichen *RMS*-Wert (Root-Mean-Square) identisch, der vor vielen Jahren aus der Norm DIN EN ISO 4287: 2010-07 herausgenommen wurde.

Rq wird nach folgender Formel berechnet:

$$Rq = \sqrt{\frac{1}{\mathrm{ln}} \int_{0}^{\mathrm{ln}} z^2(x)\, dx}$$

Rq ist ähnlich definiert wie *Ra*, reagiert aber empfindlicher auf einzelne Spitzen und Riefen. *Rq* war in den USA weit verbreitet, hat sich gegen *Ra* jedoch nicht durchgesetzt.

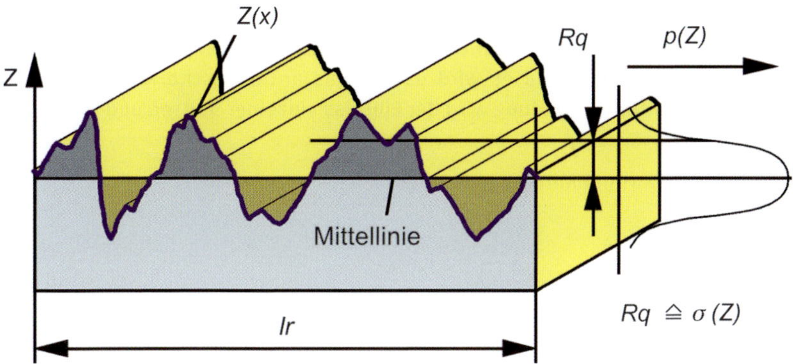

Abb. 13 – Quadratischer Mittenrauwert *Rq*

Rq kann alternativ durch die statistische Betrachtung eines Oberflächenprofils berechnet werden, da der *Rq*-Wert gleich der Standardabweichung σ der Profilhöhenverteilung ist. Die statistische Auswertung des Oberflächenprofils wird im Abschnitt 3.10 behandelt.

3.4.3 *Rz* – Gemittelte Rautiefe *Rmax* – Maximale Rautiefe

Rz und *Rmax* sind wichtige Kenngrößen, die in vielen Zeichnungen auftauchen, siehe Abschnitt 3.1.1.

Rz1max wurde bis zur Einführung der DIN EN ISO 4287:1998-10 (zurückgezogene Norm) im Jahr 1998 unter der alten Bezeichnung *Rmax* nach DIN 4768:1990-05 geführt. Wegen unterschiedlicher Interpretationsmöglichkeiten wird die Verwendung der alten Bezeichnung *Rmax* empfohlen, siehe Abschnitt 9.2.1.

Rz wurde früher auch *Rtm* genannt. *Rz1max* ist auch als *Rymax* sowie als *Rmax* bekannt.

Zur Verbreitung dieser Kenngrößen hat beigetragen, dass sie einfach zu verstehende Definitionen haben, die sich mit grafischen Methoden unmittelbar am Rauheitsprofil ablesen lassen.

Rmax wird zweckmäßig zusammen mit dem *Rz* verwendet: Wenn der *Rmax* deutlich größer als der *Rz* ist, kann daraus gefolgert werden, dass der gemessene Tastschnitt eine einzelne besonders hohe Spitze enthält. In so einem Fall ist es besonders wichtig, die Messung an einer anderen Stelle auf dem Werkstück zu wiederholen.

Zur Ermittlung von *Rz* und *Rmax* wird das gefilterte Profil in fünf Strecken in der Länge der Grenzwellenlänge unterteilt. Aus jedem Teilstück wird der maximale Wert (z_i) entnommen, und es wird daraus das arithmetische Mittel gebildet. Durch diese Mittelwertbildung wird der Einfluss einzelner Spitzen und Riefen gemildert.

Rz ergibt sich aus der Mittelung über fünf Einzelmessstrecken:

$$Rz = \frac{1}{5}\sum_{i=1}^{5} z_i$$

Rz hat die seit der Erstausgabe von DIN 4768:1970-10 früher in den Zeichnungen übliche *Rt*-Kenngröße ersetzt, insbesondere wenn einzelne Ausreißer die Funktion des Werkstückes nicht stören, z. B. bei Lager- und Gleitflächen.

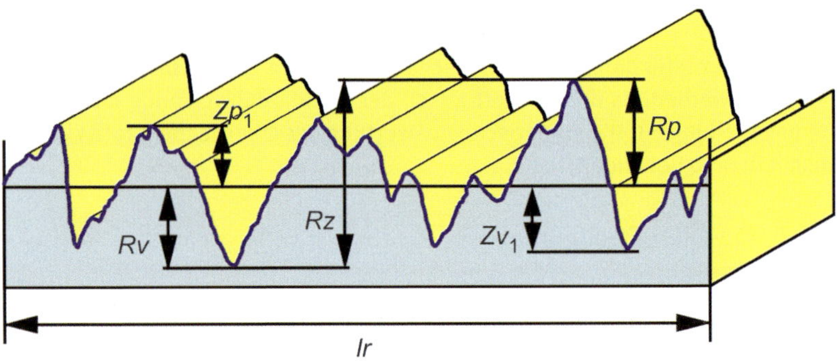

Abb. 14 – Gemittelte Rautiefe *Rz*

Rmax, der größte Abstand von der höchsten Spitze zur tiefsten Riefe innerhalb einer Grenzwellenlänge, wird dort angegeben, wo einzelne Störstellen die Funktion des Werkstückes beeinträchtigen, z. B. Dichtflächen oder sehr hoch beanspruchte Teile (Kerbwirkung).

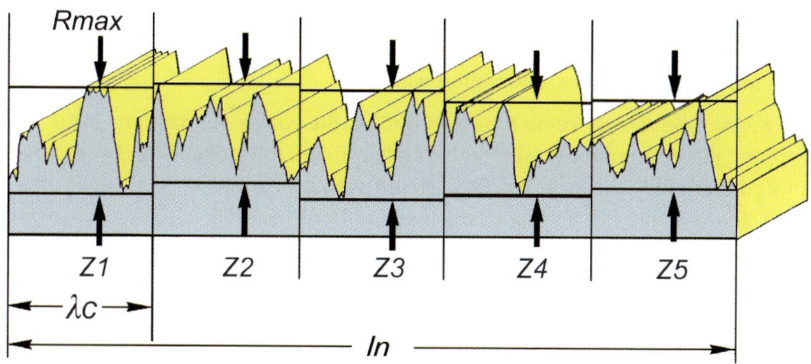

Abb. 15 – Gemittelte Rautiefe *Rz* und maximale Rautiefe *Rmax*

Der größte Rauheitswert innerhalb z_1 bis z_5 wird als *Rmax* bezeichnet.

***Rz* war früher in 2 Normen unterschiedlich definiert: Als *Rz(DIN)* in DIN 4768: 1990-05 (zurückgezogene Norm) und *Rz(ISO)* in ISO 4287:1997-04. Um Verwechslungen zu vermeiden, wurde im Zweifelsfall die entsprechende Bezeichnung DIN oder ISO angehängt. In der neuen Norm DIN EN ISO 4287:2010-07 ist der *Rz* so definiert wie der zuvor in Deutschland gültige *Rz(DIN)*. Die gleiche Definition gilt jetzt auch im Bereich der ISO.**

Zu den Definitionsproblemen von *Rz1max* bzw. *Rmax* beim Übergang zu den DIN-EN-ISO-Normen siehe Abschnitt 9.2.1 ab Seite 173.

3.4.4 *R3z* – Grundrautiefe

R3z ist eine Variante der Oberflächenkenngröße *Rz*. Die Auswertung von *R3z* erfolgt analog zur Auswertung von *Rz*, mit dem Unterschied, dass aus jedem Teilstück nicht die jeweils höchsten und tiefsten Spitzen, sondern die jeweils dritthöchsten Spitzen und dritttiefsten Riefen herangezogen werden. Die 2 höchsten Spitzen und 2 tiefsten Riefen in jedem Teilstück bleiben unberücksichtigt. Als Spitze bzw. Riefe wird dabei jeder eindeutige Profilumkehrpunkt betrachtet, der eine gewisse Mindestgröße hat.

R3z kann nur ausgewertet werden, wenn innerhalb jeder Einzelmessstrecke mindestens jeweils 3 Spitzen und 3 Riefen vorhanden sind.

R3z wird nach folgender Formel berechnet:

$$R3z = \frac{1}{5}\sum_{i=1}^{5} R3z_i$$

Anwendung: Messung der durch Bearbeitung erzielten Oberflächenrauheit an porösen oder gesinterten Oberflächen, wobei durch die Art der Auswertung evtl. vorhandene Poren bewusst eliminiert werden.

Die Kenngröße *R3z* ist keine Normkenngröße. Sie wurde um das Jahr 1970 vom Verband der Verbrennungsmotorenhersteller für die Beurteilung der Laufflächen an Zylinderlaufbuchsen entwickelt. Heute werden bevorzugt die Kenngrößen nach Normenreihe DIN EN ISO 13565 (früher DIN 4776:1990-05, zurückgezogen) für diesen Zweck eingesetzt, siehe Abschnitt 3.8.2.

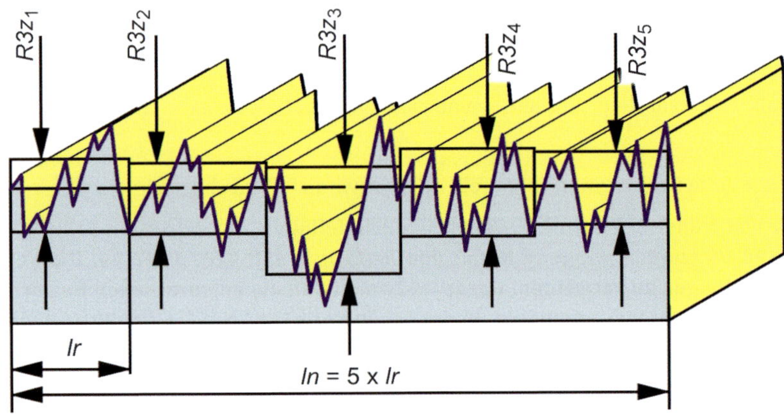

Abb. 16 – Grundrautiefe *R3z*

3.4.5 *Rz(ISO)* – Zehnpunktehöhe *Ry* – Maximale Rautiefe (alt)

Die Kenngrößen *Rz(ISO)* bzw. *Ry* sind in inzwischen veralteten ISO-Normen definiert und sollen nicht mehr verwendet werden. In nationalen Normen verschiedener Länder wurde *Ry* auch mit den Kurzzeichen *Rt*, *Rh* und *Rd* benannt.

Rz(ISO) ergibt sich, indem innerhalb der Messstrecke die Summe der arithmetischen Mittelwerte der 5 höchsten Spitzen über der mittleren Linie und der 5 tiefsten Riefen unter der mittleren Linie gebildet werden. Als Spitze oder Riefe ist dabei der höchste bzw. tiefste Punkt des Profils innerhalb von 2 Durchgängen durch die mittlere Linie definiert.

Ry ist der Abstand von der höchsten Spitze bis zur tiefsten Riefe innerhalb der Messstrecke.

Rz(ISO) wird nach folgender Formel berechnet:

$$Rz(ISO) = \frac{1}{5}\left(\sum_{i=1}^{5} p_i + \sum_{i=1}^{5} v_i\right)$$

Im Gegensatz zum *Rz* nach DIN EN ISO 4287:2010-07 (Messbedingungen nach DIN EN ISO 4288:1998-04, früher DIN 4768:1990-05, zurückgezogen) können die 5 Spitzen und Riefen an beliebiger Stelle innerhalb der Messstrecke liegen. Bei einer Häufung von Spitzen und Riefen in einem kurzen Bereich der Messstrecke ergeben sich erheblich höhere Werte für *Rz(ISO)* gegenüber *Rz*, die in dem Fall nicht den mittleren Zustand des Profils charakterisieren.

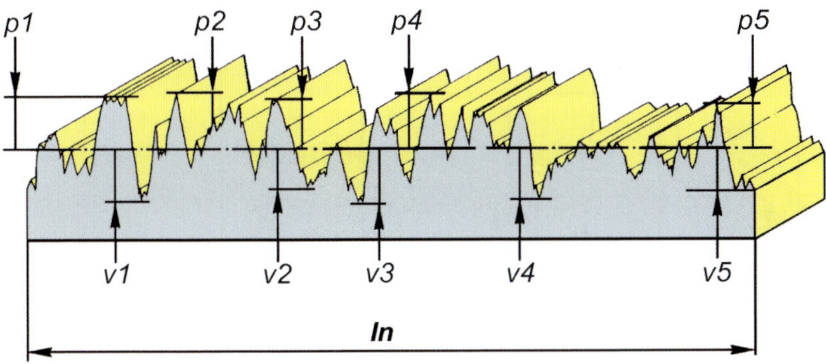

Abb. 17 – Zehnpunktehöhe *Rz(ISO)* und maximale Rautiefe *Rt*

Die Berechnung von *Rz(ISO)* erfolgte aus dem gefilterten Profil. In der Norm ist nicht exakt definiert, über wie viele Grenzwellenlängen die Messung zu erfolgen hat. Während *Rz* stets über fünf Grenzwellenlängen berechnet wird, kann *Rz(ISO)* über 1, 2, 3 oder 5 Grenzwellenlängen ermittelt werden.

Rz(ISO) wurde in Deutschland nicht angewendet.

Rt hat Vor- und Nachteile gegenüber *Rmax*, die im Folgenden gegenübergestellt werden. *Rt* ist der Abstand von der höchsten Spitze bis zur tiefsten Riefe innerhalb der Messstrecke. Dabei hat es keinen Einfluss, ob die höchste Spitze am Profilanfang und die tiefste Riefe am Profilende liegt, wie in Abb. 18 dargestellt. Ein direkter Bezug zwischen beiden Einzelheiten besteht nicht. Dies lässt sich mit der Situation vergleichen, dass ein Auto über eine Erhebung fährt und einige Meter weiter auf ein Schlagloch trifft. Wie bei den Profilen zuvor haben beide Ereignisse keinen Einfluss aufeinander. Wesentlich stärker wirkt sich dagegen ein Schlagloch unmittelbar hinter einer Erhebung auf das Auto aus. Für die visuelle Beurteilung von Oberflächen kann die von *Rt* erfasste Differenz durchaus von Bedeutung sein. Im Allgemeinen ist die Anwendung der Kenngrößen *Rmax* und *Rz* jedoch sinnvoller als die von *Rt* und *Rz(ISO)*.

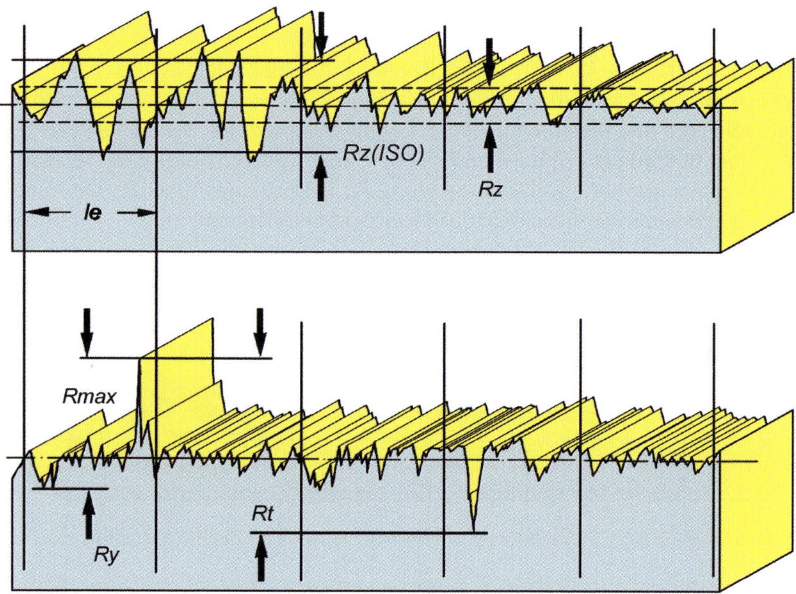

Abb. 18 – Unterschiede von *Rz, Rz(ISO)* und *Rt* an verschiedenen Profilen

Aufgrund der Verwechslungsgefahr mit der vor Jahrzehnten üblichen Rautiefe *Rt* nach DIN 4762:1989-01 (zurückgezogene Norm) wird von der Anwendung von *Rt* abgeraten.

3.4.6 *Rp* – Mittlere Glättungstiefe *Rv* – Mittlere Riefentiefe

Rp und *Rv* sind auch unter den Kurzzeichen *Rpm* und *Rvm* bekannt.

Mit Hilfe aller zuvor beschriebenen Kenngrößen kann weder zwischen Spitzen und Riefen unterschieden, noch können verschiedene Profilformen unterschiedlich bewertet werden. Ein Profil mit vielen Spitzen besitzt gleiche *Rz*- und *Ra*-Werte wie ein Profil mit vielen Riefen gleicher Tiefe. Rund- und spitzkämmige Profile gleicher Tiefe weisen ebenfalls gleiche *Rz*- und *Ra*-Werte auf. Zur Auswertung von *Rp* wird das gefilterte Profil in 5 Strecken unterteilt, deren Länge gleich der Grenzwellenlänge sind, und aus jedem Teilstück wird der Abstand von der mittleren Linie bis zur höchsten Spitze entnommen. *Rp* ergibt sich als arithmetisches Mittel dieser 5 Spitzenhöhen.

Die Kenngröße *Rp* ist insoweit mit der Kenngröße *Rz* vergleichbar, als bei *Rz* Spitzen und Riefen zur Auswertung herangezogen werden, während bei *Rp* nur die Spitzen allein betrachtet werden. *Rp* wird nach folgender Formel berechnet:

$$Rp = \frac{1}{5}\sum_{i=1}^{5} p_i$$

In gleicher Weise wie *Rp* wird auch *Rv* berechnet. Der mittlere Abstand zwischen den 5 tiefsten Riefen und der mittleren Linie entlang der Messstrecke von 5 Grenzwellenlängen wird als *Rv* bezeichnet. Die Berechnung von *Rv* erfolgt nach der Formel:

$$Rv = \frac{1}{5}\sum_{i=1}^{5} v_i$$

Rp wird angegeben, wenn eine bestimmte Profilform verlangt wird, z.B. bei Lagerflächen, bei denen keine Spitzen vorhanden sein sollen, einzelne Riefen dagegen durchaus erwünscht sind. Teile für Pressverbände sollen ebenfalls ein möglichst rundkämmiges Profil aufweisen, um eine große Berührungsfläche zu erzielen. *Rp* allein liefert keine Aussage über die Profilform. Erst das Verhältnis *Rp*/*Rz* ist in der Lage, Profilformen zu unterscheiden.

Ein rundkämmiges Profil liegt vor, wenn das *Rp*/*Rz*-Verhältnis kleiner als 0,5 ist, während Werte größer als 0,5 spitze Profilformen charakterisieren.

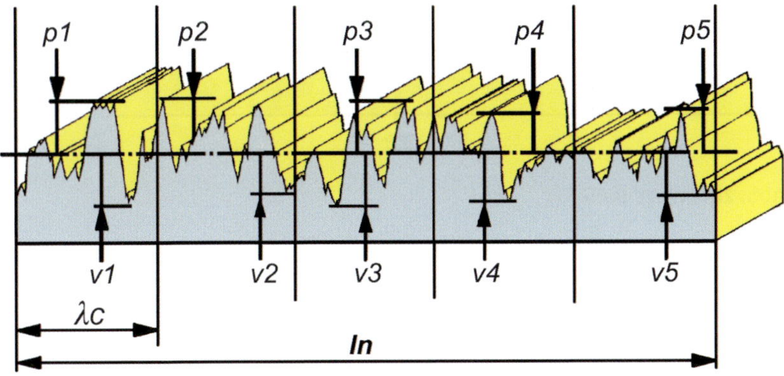

Abb. 19 – Mittlere Glättungstiefe *Rp* und mittlere Riefentiefe *Rv*

3.5 Welligkeitskenngrößen

3.5.1 *Wt* – Wellentiefe

Die Kenngröße *Wt* entspricht ihrem Typ nach der Rauheitskenngröße *Rt*. Sie zeigt die maximale Wellentiefe des ausgerichteten und gefilterten Profils an, wobei hierbei die hochfrequenten Anteile des Profils, also die Rauheit, ausgefiltert wurden.

Die Kenngröße *Wt* wird für die Überwachung von Fertigungsverfahren verwendet, bei denen die Welligkeit ein Funktionskriterium darstellt. Ein Beispiel dafür sind Zylinderköpfe von Motoren. Die Welligkeit ihrer Dichtfläche, hergestellt im Fräsverfahren, hängt stark von der Justierung der Schneiden im Messerkopf ab. Bei Verwendung von steifen Dichtungen spielen Welligkeit und Rauheit eine Rolle für deren einwandfreie Funktion.

In der Norm DIN EN ISO 4287:2010-07 ist die Wirkungsweise eines langwelligen Filters λf erklärt, mit dem langwellige Formanteile vom Welligkeitsprofil ferngehalten werden. Die Festlegung der Messbedingungen für die Messung der Wellentiefe sowie die Zahlenwerte für λf fehlen noch. In der Praxis wird daher meist ohne λf gearbeitet, so dass Formabweichungen voll im Messergebnis enthalten sind.

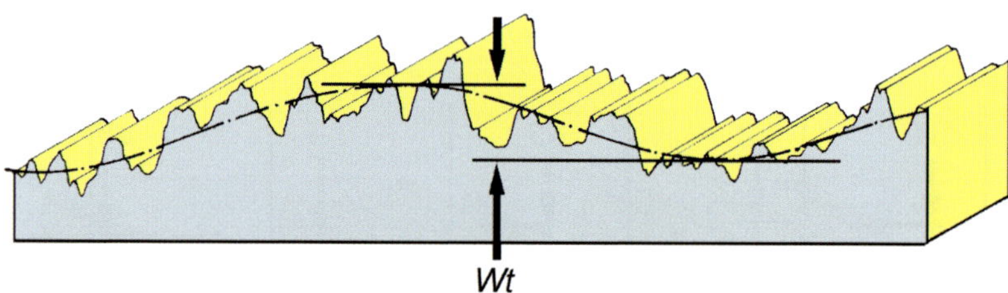

Abb. 20 – Wellentiefe *Wt*

3.5.2 *WDSm* – Dominante Wellenlänge

In der Praxis werden Welligkeitskenngrößen aus dem *W*-Profil nach DIN EN ISO 4287:2010-07 selten verwendet, wie beispielsweise *Wt*. Gründe dafür sind die starke Abhängigkeit dieser Kenngrößen von der gewählten Filtergrenzwellenlänge λc sowie die Unsicherheit bei der Anwendung einer langwelligen Begrenzung in Form von λf.

Welligkeit ist z. B. in Dichtflächen störend, und zwar besonders dann, wenn eine oder mehrere ausgeprägte Wellenlängen das Oberflächenprofil dominieren.

Auf dieser Basis wurde vom Verband der Automobilindustrie (VDA) eine geeignete Bewertungsmöglichkeit für Dichtflächen festgelegt. Das Messverfahren ist in der VDA 2007 „Geometrische Produktspezifikation – Oberflächenbeschaffenheit – Definitionen und Kenngrößen der dominanten Welligkeit“ beschrieben und läuft in folgenden Schritten ab:

- Messung eines ungefilterten Tastschnitts mit einem Bezugsebenentastsystem
- Analyse des Tastschnitts auf das Vorhandensein von entweder keiner, einer oder zwei dominanten Wellenlängen
- Ableitung des Profils *WD* durch Schmalbandfilterung des Tastschnitts mit der gefundenen Wellenlänge
- Berechnung der Kenngrößen, insbesondere *WDSm*, *WDc* und *WDt*.

Wird keine dominante Wellenlänge gefunden, ist das *WD*-Profil nicht definiert. Die *WD*-Kenngrößen sind dann alle gleich null.

Ob und an welchen Stellen dominante Wellenlängen im Profil vorhanden sind, wird bei dem Messverfahren auf Basis einer Spektralanalyse entschieden. Die Besonderheit des Verfahrens ist, dass für die Messung und Auswertung keinerlei Festlegungen über Filter getroffen werden müssen.

Lediglich die Länge der Taststrecke muss festgelegt werden. Die Taststrecke muss ein Vielfaches der zu erwartenden größten dominanten Wellenlänge betragen. Sinnvollerweise wird die Taststrecke in der Zeichnungseintragung festgelegt.

Mit der dominanten Welligkeit werden folgende Funktionseigenschaften überprüft:

- Statische Dichtheit
- Dynamische Dichtheit
- Geräuschvermeidung
- Vermeidung von erhöhtem Verschleiß bzw. Funktionsstörungen
- Vorbearbeitungszustände.

Die Welligkeitskenngrößen werden vorzugsweise zur Erkennung von Drehriefen oder Drallstrukturen angewendet. Solche Oberflächenausprägungen gelten als unerwünscht, da sie z. B. für Lecks verantwortlich sein können.

Sie stellen einen guten Ersatz für ältere Kenngrößen, wie etwa die mittlere Wellenlänge λa, dar.

Bewertet werden Periodenlängen im Profil von 20 µm bis 1/5 der Auswertelänge *ln*. Bevorzugte Werte für *ln* sind: 1,25 mm, 4 mm, 12,5 mm und 40 mm.

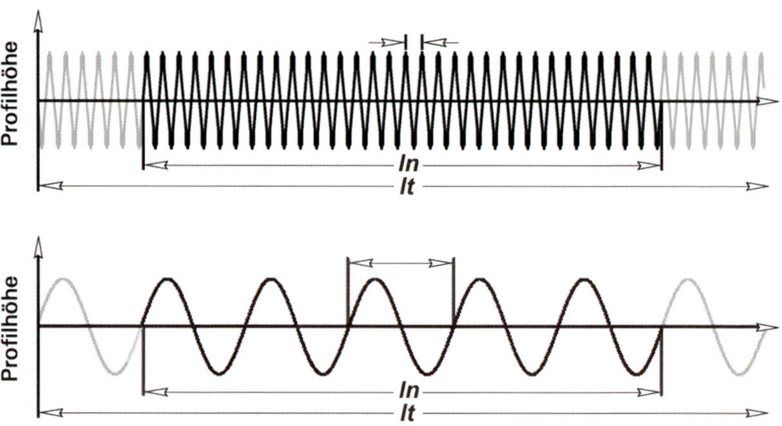

Abb. 21 – Auswertbarer Wellenlängenbereich von der minimalen Periodenlänge 20 µm bis zur maximalen Periodenlänge *ln*/5
lt = Taststrecke, *ln* = Messstrecke (Auswertelänge)

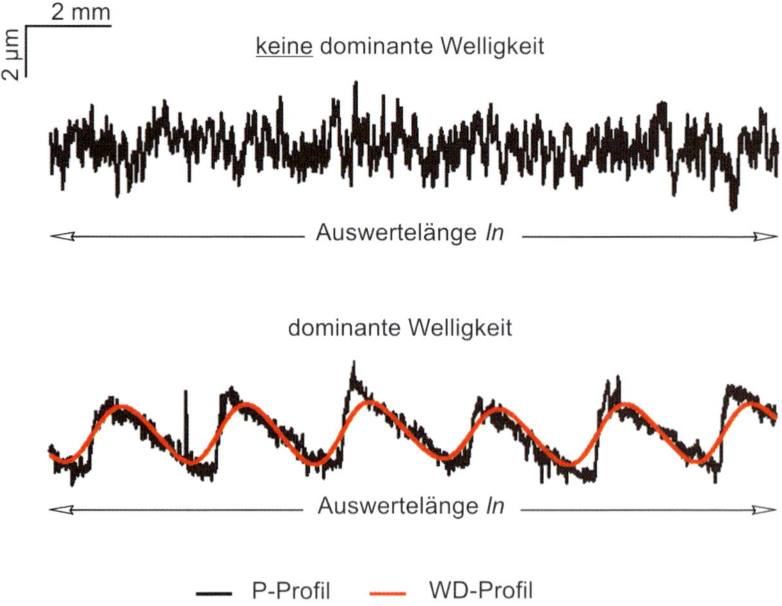

Abb. 22 – Vergleich zwischen keiner vorhandenen dominanten Welligkeit und Auftreten dominanter Welligkeit

Zur Charakterisierung des *WD*-Profils werden in Anlehnung an DIN EN ISO 4287: 2010-07 drei Kenngrößen definiert:

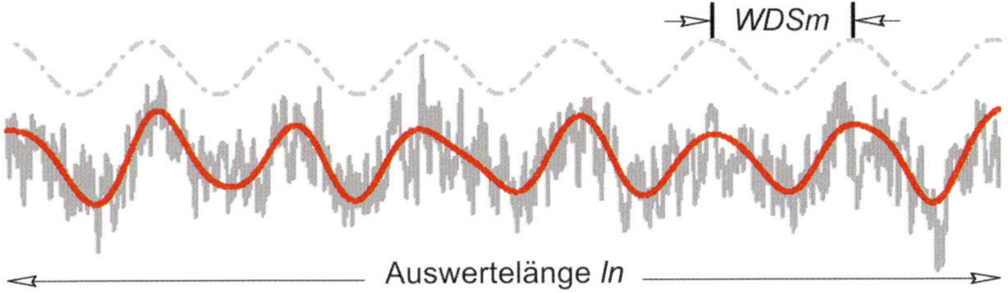

Abb. 23 – *WDSm*: Die aus dem Amplitudenspektrum ermittelte mittlere horizontale Länge der Profilelemente (mittlere Periodenlänge der dominanten Welligkeit)

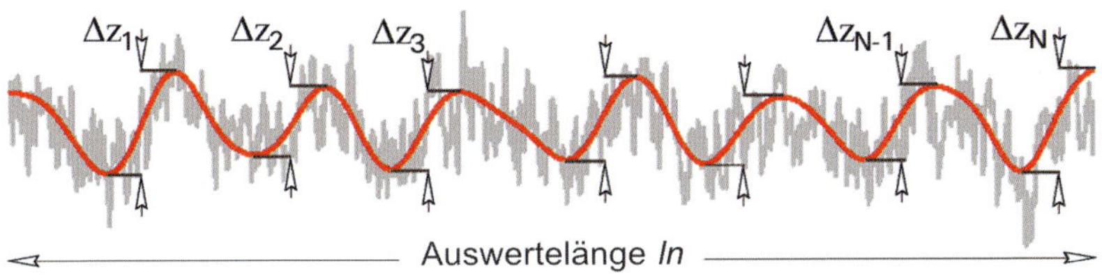

Abb. 24 – *WDc:* Mittelwert aus den Höhen der Profilelemente innerhalb der Auswertelänge

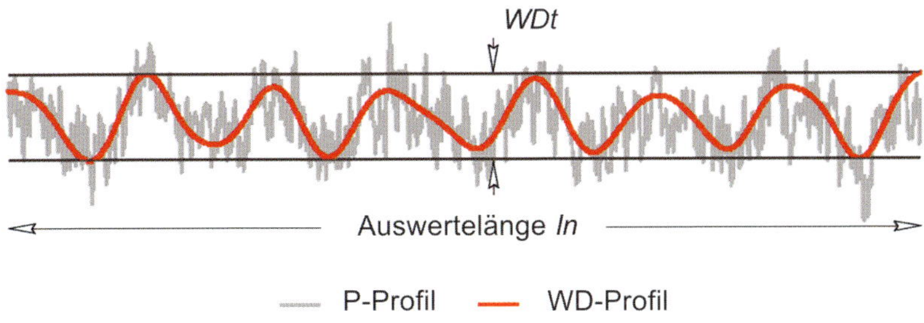

Abb. 25 – *WDt:* Vertikale Differenz zwischen dem höchsten und tiefsten Punkt des *WD*-Profils innerhalb der Auswertelänge

Messergebnisse aus dem *WD*-Profil werden für eine Kenngröße als Wertepaar ausgegeben.

Tab. 4 – Zeichnungseintragungen und Messergebnisse zur dominanten Wellenlänge

Zeichnungseintragung	Bedeutung	Beispiel Messergebnis
WDc 3 In diesem Fall: *ln* = 5 × *le* nach ISO 4288:1996-08, Tabelle 3 (Auswertebedingung für periodische Rauheit)	In keinem Periodenlängenbereich darf *WDc* 3 µm überschreiten.	*WDc* [0,02–2,5] 2,68 µm *WDSm* 0,74 mm
		WDc [0,02–2,5] 3,32 µm *WDSm* 0,82 mm
2,5 × 5/*WDt* 2,5	Im Periodenlängenbereich bis 2,5 mm darf *WDt* 2,5 µm nicht überschreiten.	*WDt* [0,02–2,5] 1,82 µm *WDSm* 0,74 mm
		WDt [0,02–2,5] 2,81 µm *WDSm* 0,57 mm
0,3 – 1,5 × 5/*WDc* 2	Im Periodenlängenbereich von 0,3 mm bis 1,5 mm darf *WDc* 2 µm nicht überschreiten.	*WDc* [0,3–1,5] 1,91 µm *WDSm* 0,62 mm
		WDc [0,3–1,5] 0D *WDSm* 0,24 mm
		WDc [0,3–1,5] 2,39 µm *WDSm* 0,92 mm
		WDc [0,3–1,5] 0D *WDSm* 0D
0,8 × 16/*Rz* 3 0,2 – 2,5 × 5/*WDc* 1,5 Nächste Vorzugsmessstrecke gemäß VDA 2005 ist *ln* = 12,5 mm (alle Kennwerte sind dann aus einem Profil bestimmbar).	<u>*Rz*</u>: Die Messstrecke beträgt *ln* = 12,5 mm und die Grenzwellenlänge des Filters λc = 0,8 mm. *Rz* darf 3 µm nicht überschreiten. <u>*WDc*</u>: *WDc* darf im Periodenlängenbereich von 0,2 mm bis 2,5 mm 1,5 µm nicht überschreiten.	*Rz* 2,47 µm *WDc* [0,2–2,5] 1,22 µm *WDSm* 1,63 mm
		RZ 2,29 µm *WDc* [0,2–2,5] 1,82 µm *WDSm* 1,08 mm
		Rz 2,36 µm *WDc* [0,2–2,5] 0D *WDSm* 0,18 mm

3.6 Oberflächenkenngrößen für das Gesamtprofil

3.6.1 *Pt* – Profiltiefe

Die Profiltiefe *Pt* ist der Abstand zwischen 2 parallelen Geraden, die das ungefilterte Oberflächenprofil innerhalb der Messstrecke *ln* kleinstmöglich einschließen. Der Wert *Pt* hängt sehr stark von der Länge der Messstrecke ab, die entsprechend der Funktion des Werkstückes festzulegen ist und stets angegeben werden muss.

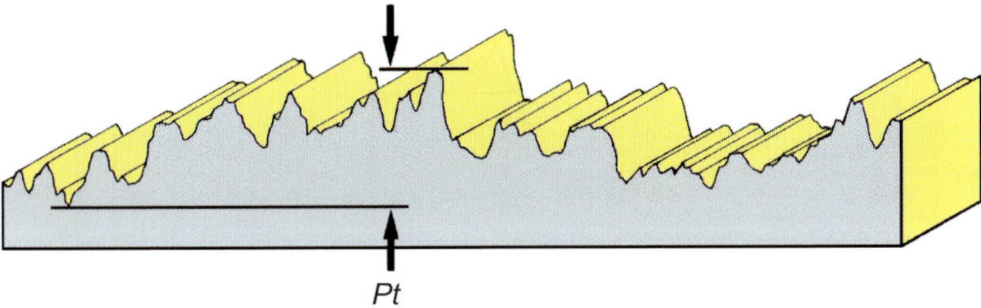

Abb. 26 – Profiltiefe *Pt*

Die Profiltiefe *Pt* kommt vor allen Dingen dann zum Einsatz, wenn die Taststrecken für eine Rauheitsfilterung zu kurz sind oder wenn aus anderen Gründen die Auswertung besser am *P*-Profil durchgeführt werden sollte. In der Praxis kommt diese Situation häufig vor, so dass *Pt* eine oft gemessene Kenngröße darstellt, siehe Abschnitt 3.1.1.

Pt ist ähnlich wie die aus der Formmesstechnik bekannte Eigenschaft Geradheit definiert. Diese Kenngröße setzt einen Bezugsebenenvorschub voraus und kann nicht mit Gleitkufentastern gemessen werden. Deshalb fehlt diese Kenngröße häufig in einfachen Messgeräten und bleibt daher den leistungsfähigeren Tastschnittgeräten vorbehalten. An den Messplatz werden besonders hohe Ansprüche gestellt, da alle Führungsabweichungen und Grundstörungen unmittelbar in das Messergebnis eingehen.

Verwendet wird die Profiltiefe *Pt* z. B. bei großen statischen Dichtflächen. In diesem Fall gibt *Pt* Aufschluss über das Tragbild, bei dem sowohl die Rauheit als auch die Welligkeit von Bedeutung sind.

Die Ausrichtung des Profils ist ebenfalls von Bedeutung. Weist die Oberfläche nämlich einen nennenswerten Formanteil auf, ist nicht immer eindeutig, wie die Ausrichtung optimal zu erfolgen hat. Nach Möglichkeit sollte daher ein *Pt*-Wert immer nur in Verbindung mit einer visuellen Inspektion des zugehörigen *P*-Profils ausgewertet werden.

In Abb. 27 a) ergibt sich ein kleiner Wert für *Pt*, wenn die gesamte Messstrecke in drei Teile aufgeteilt wird. Im Vergleich dazu ist der Wert für *Pt* bei Abb. 27 b) zu groß, da schon ein nennenswerter Anteil der Form mit zur Bildung von *Pt* beigetragen hat.

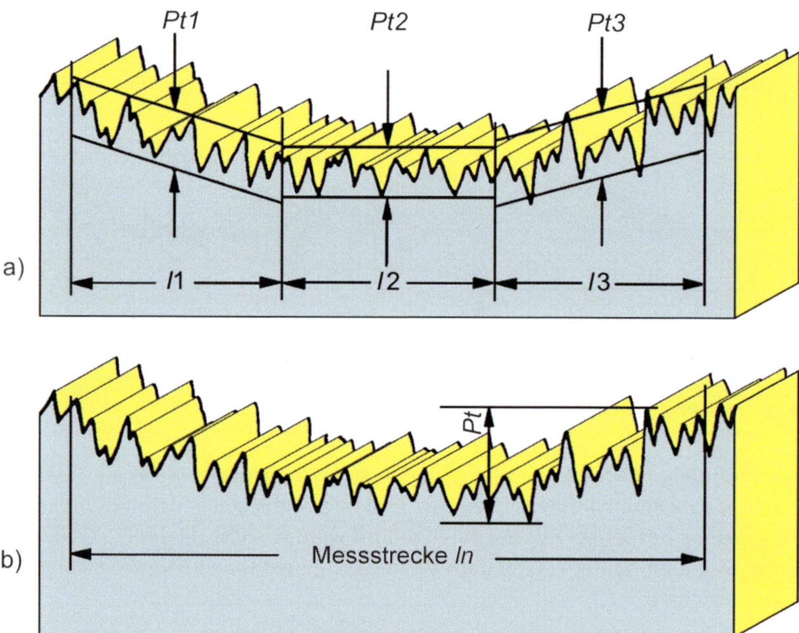

Abb. 27 – Auswirkung unterschiedlich langer Messstrecken auf *Pt*

3.7 Distanzkenngrößen (Horizontalkenngrößen)

Die bisher beschriebenen Kenngrößen stellen durchweg vertikale Maße dar.

3.7.1 *RPc* – Normierte Spitzenzahl *D* – Dichte

RPc wurde zuerst im Stahl-Eisen-Prüfblatt SEP 1940:2002-10 der Blechindustrie beschrieben. Die Größe wurde früher auch *NR* genannt.

Später wurden die wesentlichen Teile dieses Prüfblatts in die Norm DIN EN 10049:2014-03 übertragen. Die Kenngröße *RPc* wurde 2010 wegen ihrer gestiegenen Verbreitung als Ergänzung in die allgemeine Norm der Oberflächenkenngrößen DIN EN ISO 4287:2010-07 aufgenommen.

Die Kenngröße *RPc* erfasst die Anzahl der Spitzen und Riefen entlang der Messstrecke. Voraussetzung dafür ist die Festlegung, welche Erhebungen bzw. Vertiefungen als Spitzen und Riefen erfasst werden sollen. Dazu werden die Zählschwellen c1 und c2 festgelegt und Spitzen dann gezählt, wenn das Profil die obere und untere Zählschwelle überschreitet. Die Lage der Zählschwellen wird in der Zeichnung festgelegt. Sie liegen normalerweise symmetrisch zur mittleren Linie im gleichen Abstand nach oben und unten, wie in Abb. 28 dargestellt.

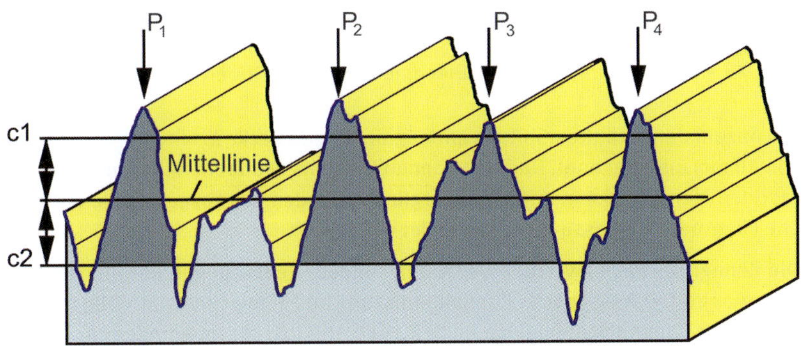

$$RPc = \frac{\text{Anzahl der Rauheitsprofilspitzen (peak count)}}{\text{10 mm Bezugslänge}}$$

Abb. 28 – Normierte Spitzenzahl *RPc*

Ihre Lage zur mittleren Linie kann auch beliebig festgelegt werden. Sollen beispielsweise nur Riefen gezählt werden, wird die obere Zählschwelle auf 0 gesetzt und die untere Zählschwelle so gelegt, dass Riefen ab einer bestimmten Tiefe erfasst werden, während geringfügige Vertiefungen unberücksichtigt bleiben.

Die Messbedingungen der SEP 1940:2002-10 schreiben die Verwendung eines speziellen Zweikufentasters vor.

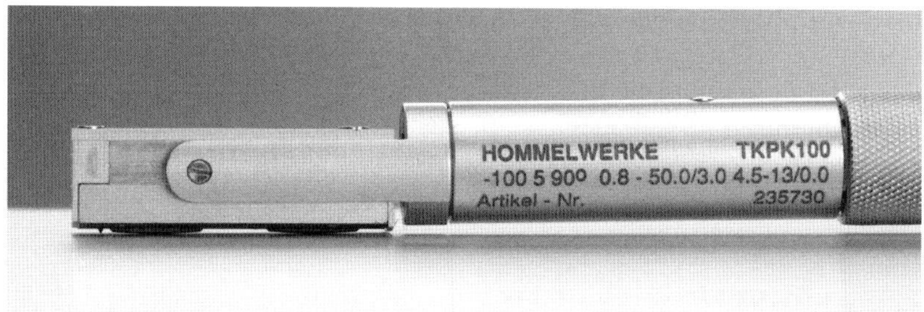

Abb. 29 – Zweikufentaster für die Blechmessung nach DIN EN 10049

Die Anzahl der gezählten Spitzen entlang der Messstrecke *ln* wird auf eine Länge von 10 mm umgerechnet. Dadurch können Ergebnisse unabhängig von der abgetasteten Messstrecke miteinander verglichen werden, vorausgesetzt, dass gleiche Filter bei den Messungen verwendet wurden.

Die Kenngröße *RPc* bzw. früher *NR* hat besondere Bedeutung in der Blechindustrie erlangt. Der Ausschuss „Rauheitsmessung an Feinblechen" im VDEh (Verein Deutscher Eisenhüttenleute) hat im SEP 1940:1992-01 Messbedingungen für die Erfassung der Kenngrößen *Ra* und *Pc* an kaltgewalzten Flacherzeugnissen aus Stahl festgelegt. Diese Maßzahlen sollen mit folgenden Messbedingungen erfasst werden:

Taststrecke	15,0 mm
Phasenkorrektes Filter	2,5 mm
Zählschwelle	±0,5 µm
λ_c/λ_s	300

Damit wurde die früher vielfach gewählte Einstellung für die Zählschwelle von ±½ *Ra* verlassen, die bei modernen Geräten ohne vorherige Messung von *Ra* ebenfalls möglich ist.

Die Oberflächenkenngrößen *RPc* und *Ra* liefern in der Praxis erprobte Aussagen über das Umformverhalten und die Lackierbarkeit gewalzter Stahlbleche.

Eine sehr hohe Spitzenzahl bedeutet, dass das Werkstück nicht für Tiefziehen geeignet ist, während eine geringe Spitzenzahl die Lackierbarkeit negativ beeinflusst.

Abb. 30 zeigt den Vergleich verschiedener Profile mit jeweils unterschiedlichen *RPc*-Werten, aber gleichen *Ra*-Werten.

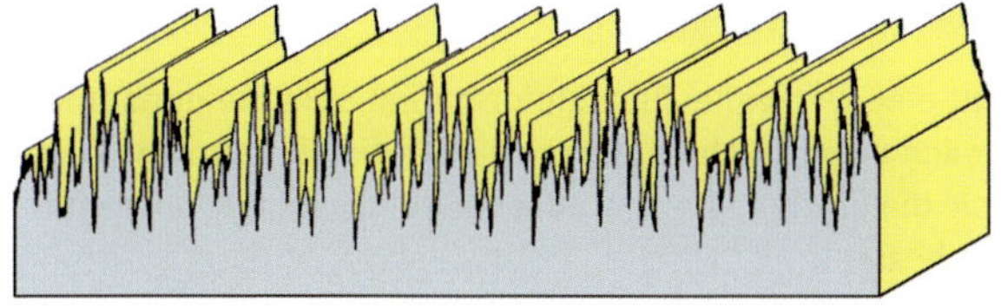

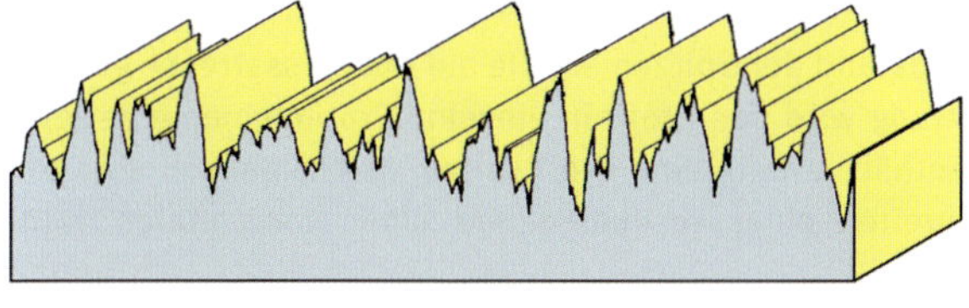

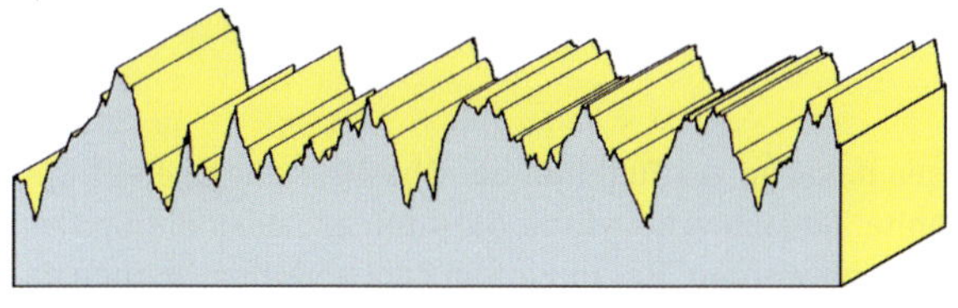

Abb. 30 – Profile mit gleichem *Ra*-, aber jeweils unterschiedlichem *RPc*-Wert

Die Kenngröße *D* ist der Kenngröße *RPc* sehr ähnlich. Sie unterscheidet sich von *RPc* dadurch, dass bei *D* nur die Gesamtzahl der entlang der Messstrecke ermittelten Riefen gezählt wird, während bei *RPc* diese Anzahl immer auf eine Strecke von 10 mm umgerechnet wird. Aus diesem Grund ist die Anwendung der Kenngröße *RPc* sinnvoller.

D sollte für Neukonstruktionen nicht mehr verwendet werden. Die sinngemäße Ablösung stellt *RSm* dar.

Die Kenngrößen *RPc* und *D* sind als ganzzahlige Größen definiert. Je nach Länge der Taststrecke und Art der Oberfläche ergeben sich für *RPc* und *D* niedrige Zahlen, bei denen sich die sprungweise Veränderung der Spitzenzahl prozentual deutlich bemerkbar macht. 

In solchen Fällen sollte *RSm* bevorzugt werden, da bei dieser Kenngröße keine Information durch die Rundung auf ganze Zahlen verloren geht.

3.7.2 *RSm* – Mittlerer Rillenabstand

Die Kenngröße *RSm* stellt eine wertvolle Zusatzinformation über die horizontale Ausdehnung der gemessenen Oberfläche dar. Von den häufig gebrauchten Oberflächenkenngrößen ist sie die einzige, die sich ausschließlich auf die horizontale Breite der Profilelemente bezieht.

Für besonders hohe Ansprüche an die Messgenauigkeit wird ein Rauheitsvorschub mit linearem Maßstab empfohlen. Es gibt noch einige weitere Kenngrößen, wie etwa *RPc*, die sich durch einfache Umrechnung aus *RSm* ergeben.

RSm gibt den mittleren Abstand der Spitzen an, die auf der Messstrecke gezählt wurden. Für die Auswertung wird das Profil in einzelne Profilelemente zerlegt. Ein Profilelement Xs_i enthält jeweils eine Profilspitze. Mathematisch wird ein Element durch Überschreiten einer vertikalen und einer horizontalen Zählschwelle definiert.

Damit ergibt sich *RSm* zu:

$$RSm = \frac{1}{5}\sum_{i=1}^{5} Xs_i$$

Die Zählschwellen müssen passend zur Funktion der Oberfläche festgelegt werden. Eine zu klein gewählte Zählschwelle würde dazu führen, dass die Spitzen des Messrauschens mitgezählt werden. Bei zu großen Zählschwellen werden dagegen gar keine Spitzen mehr erkannt.

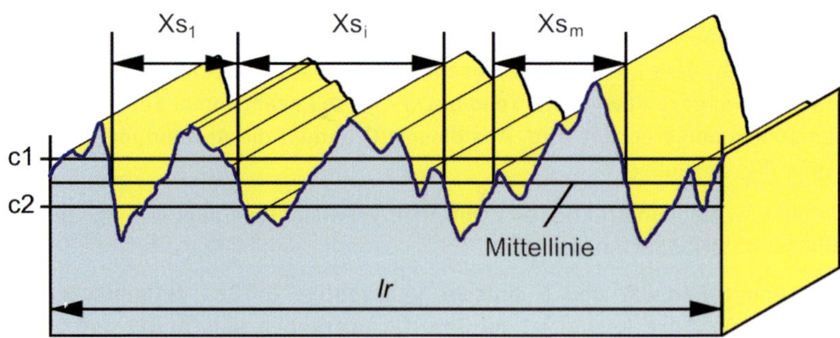

Abb. 31 – Mittler Rillenabstand *RSm*

Sofern keine Zählschwellen festgelegt werden, beträgt die vertikale Schwelle ± 5 % von *Rz*, die horizontale Schwelle 1 % der Einzelmessstrecke. Die automatische Zählschwellenfestlegung für die vertikale Richtung ist problematisch, wenn die Oberfläche glatt ist und die Grundstörungen in der gleichen Größenordnung liegen.

Anwendung: Beurteilung der Lackiereignung von Feinblechen in Verbindung mit der Kenngröße *Ra*. In Sonderfällen werden die Kenngrößen am ungefilterten Profil ermittelt.

Kenngrößen aus älteren Normen wie „mittlere Wellenlänge" können sinngemäß gebildet werden, wenn nicht das Rauheits-, sondern z. B. das Welligkeitsprofil zugrunde gelegt wird.

3.7.3.1 Ausblick ISO 21920 – *RSm*

Die zugrunde liegenden Messbedingungen für diese Rauheitskenngröße sind in der DIN EN ISO 4287:2010-07 definiert, trotzdem verbleibt ein gewisser Interpretationsspielraum. Die sich daraus evtl. ergebenden Messwertunterschiede fallen aufgrund der erheblich gesteigerten Messgenauigkeit von Oberflächenmessgeräten mehr als früher ins Gewicht.

Die Anwendung von *RSm* auf Werkstückoberflächen mit unregelmäßigem Profil kann zu stark schwankenden Messwerten führen. Es ergeben sich z. B. Unterschiede alleine daraus, ob dieselbe Strecke von links nach rechts oder umgekehrt gemessen wird.

Mit einem neuen Berechnungsverfahren kann diese Schwankungsbreite reduziert werden. Dieses verbesserte Verfahren wird voraussichtlich nicht mehr in einer neuen Ausgabe der DIN EN ISO 4287, sondern in der geplanten nachfolgenden Norm ISO 21920 veröffentlicht werden. Die endgültige Nummer der abgeleiteten DIN-EN-Norm steht noch nicht fest.

3.8 Zusammengesetzte Kenngrößen (Länge und Tiefe)

3.8.1 *Rmr(c)*, *Pmr(c)* – Materialanteil des Profils

Der Materialanteil des R-Profils *Rmr* ist zur Beurteilung von Gleitflächen wichtig, für die ein bestimmter Verschleiß angenommen wird. Diese Funktionseigenschaft ist häufig gegeben und entsprechend hat die Anwendung der Kenngröße zugenommen, siehe Abschnitt 3.1.1.

Bei Lagerflächen sind gute Kontakteigenschaften erwünscht. Zwischen zwei Gleitflächen befindet sich ein Schmierfilm, wobei herausragende Spitzen die Gegenfläche berühren und damit Reibung und Verschleiß verursachen. Daher sind in solchen Fällen Oberflächen mit herausragenden Spitzen unerwünscht. Hier werden Flächen mit geringen Spitzen, aber einzelnen Riefen bevorzugt. Derartige Strukturen lassen sich durch den Materialanteil *Rmr* charakterisieren.

Die Kenngröße *Rmr* gibt an, welchen Anteil die summierte, im Material verlaufende Strecke relativ zur Messstrecke einnimmt. Der Vergleich wird in der Tiefe *c* ausgeführt. Das Ergebnis wird als einfache Zahl ohne Einheiten angegeben und entspricht einer Prozentzahl.

$$Rmr(c) = \frac{100}{ln} \sum_{i=1}^{n} Ml_i(c) = \frac{Ml(c)}{ln} \%$$

In der Vergangenheit wurden die Kenngrößen *tpa* und *tpi* verwendet und auch als „Traganteil" bezeichnet. Dieser Begriff ist irreführend, da er abgeleitet ist von der Vorstellung des „Tragens" eines geometrisch idealen Profils. Aus diesem Grund wird heute die Verwendung des Begriffes „Materialanteil" empfohlen.

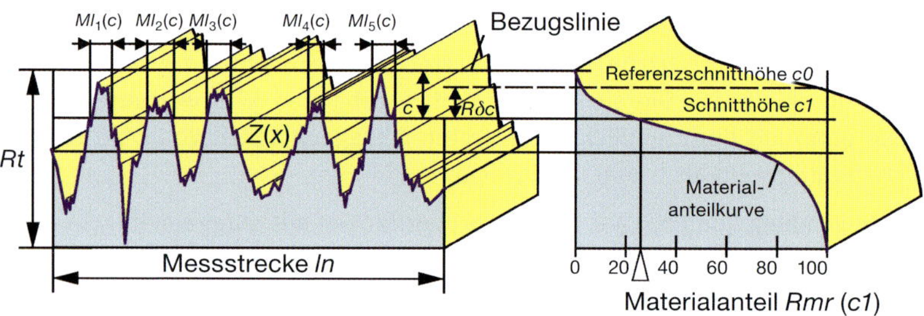

Abb. 32 – Abbott-Kurve und Materialanteil *Rmr*

Zur Ermittlung des Materialanteiles *Rmr* wird eine Schnittlinie in das gefilterte Profil gelegt. Die Beträge der Strecken auf der Schnittlinie, die das Profil schneiden, werden addiert und ins Verhältnis zur Gesamtlänge der Messstrecke *ln* gesetzt, woraus sich der Materialanteil in % ergibt. Wichtig ist dabei die Angabe der Schnittlinientiefe *c*, in welcher der Materialanteil ermittelt wurde. Eine Zeichnungsangabe *Rmr* = 70 % ohne Angabe der Schnittlinientiefe ist unbrauchbar.

Führt man die Messung des Materialanteils schrittweise in verschiedenen Tiefen eines Profils durch, so lässt sich der Materialanteil in Abhängigkeit von der Schnittlinientiefe grafisch aufzeichnen, und man erhält so die Materialanteilkurve oder Abbott-Kurve. (Ihre Entwicklung wird den beiden Amerikanern Abbott und Firestone zugeschrieben.) Siehe Abb. 32.

Die Bezugslinie für die Einstellung der Schnittlinientiefe ist eine Parallele zur mittleren Linie, welche die oberste Spitze des Profils berührt.

Das Ergebnis der Messung des Materialanteils hängt deshalb stark von der höchsten Spitze ab. Da einzelne Spitzen schon kurz nach dem Zusammenbau abgetragen sind, haben sie in der Praxis keine Bedeutung. Um die Abhängigkeit von einer einzigen Spitze zu vermeiden, wird in der Praxis eine Bezugslinie bevorzugt, die unterhalb der höchsten Spitze verläuft und deren Lage in % Materialanteil angegeben wird. Eine Nulllinienverschiebung von 5 % (wie häufig üblich) bedeutet, dass die Nulllinie dahin gelegt wird, wo 5 % Materialanteil vorhanden sind.

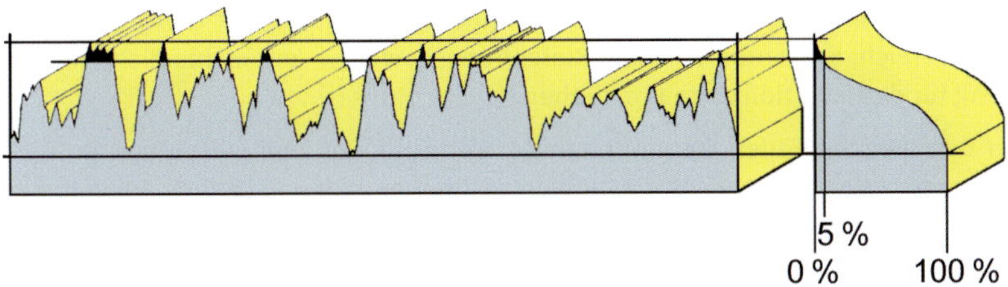

Abb. 33 – Abbott-Kurve mit 5 % Nulllinienverschiebung

Diese Verschiebung der Nulllinie muss angegeben werden, da sonst gravierende Unterschiede der Messwerte zu erwarten sind. So kann der Materialanteil ohne Nulllinienverschiebung an einem Profil 10 % betragen, während mit einer Nulllinienverschiebung von 5 % am gleichen Profil ein Materialanteil von 70 % gemessen wird.

Der Wert *Pmr* wird am ungefilterten Profil ermittelt und umfasst Welligkeit und Rauheit. Wenn nicht anders angegeben, wird stets mit dem Materialanteil *Rmr* für das gefilterte Profil gearbeitet.

Problematisch sind Messungen des Materialanteils bei Profilen, wie sie beim Plateauhonen entstehen. Erwünscht sind hier Oberflächen mit möglichst ebener Mikrostruktur, unterbrochen von gewünschten Riefen, die später die Funktion von Öltaschen haben. Durch das Überschwingen des Filters werden solche Oberflächen verzeichnet dargestellt, da nach jeder tiefen Riefe eine Spitze nach oben erscheint, die im Profil gar nicht vorhanden ist, siehe Abschnitt 6.4. Die Nulllinie der Materialanteilmessung wird an diese imaginäre Spitze angelegt, und es wird ein falscher *Rmr* gemessen.

Bei derartigen Profilen ist der Materialanteil *Pmr* zu verwenden, der vom ungefilterten Profil ermittelt wird und damit evtl. eine Welligkeit einschließt.

3.8.2 *Rk* – Kernrautiefe
Rpk – Reduzierte Spitzenhöhe
Rvk – Reduzierte Riefentiefe
Mr1 – Kleinster Materialanteil
Mr2 – Größter Materialanteil

Der Wert *Rk* dient vorwiegend zur funktionsgerechten Beurteilung von plateauartigen Oberflächen, wie sie beim Honen von Zylinderbüchsen erwünscht sind oder bei der Feinbearbeitung keramischer Werkstoffe entstehen. Die Verwendung dieser Kenngröße ist in den letzten Jahren kontinuierlich gestiegen, siehe Abschnitt 3.1.1.

Die Kenngrößen *Rk*, *Rpk* und *Rvk* ermöglichen die getrennte Beurteilung von Kernbereich, Spitzenbereich und Riefenbereich, welche unterschiedliche Bedeutung für das Funktionsverhalten haben.

In den meisten Fällen werden niedrige Werte für *Rpk* und wesentlich größere Werte für *Rk* angestrebt, da dieser Wert maßgebend für das Ölrückhaltevolumen ist.

Abb. 35 (siehe Seite 49) zeigt, dass eine einzige Kenngröße, wie *Ra* oder *Rz*, eine zerklüftete Oberfläche nicht von einer plateauartigen Oberfläche unterscheiden kann. Die obere Fläche zeigt hohe Spitzen, kleine Riefen und einen offenen Kernbereich, während die untere Fläche nur kleine Spitzen, einen dichten Kernbereich und tiefe Riefen aufweist. Die *Ra*-Werte sind in beiden Fällen gleich groß, die Werte *Rpk*, *Rk* und *Rvk* weichen stark voneinander ab und charakterisieren damit die unterschiedlichen Strukturen der beiden Profile.

Die Oberflächenkenngröße *Rk* hat sich zur Beschreibung von Gleitflächen bewährt. Für solche Flächen ist häufig eine plateauartige Oberflächenstruktur erwünscht. Eine weitgehend glatte Oberfläche ist dabei von mehr oder weniger tiefen Riefen durchzogen. In diesen Riefen sollen beim Gleitprozess das Schmiermittel und eventueller Abrieb aufgenommen werden können.

Derartige Oberflächen werden insbesondere für Zylinderlaufbahnen bei Motoren verlangt. Sie werden durch Plateauhonen hergestellt, einen Prozess, bei dem eine feine Mikrostruktur erzielt wird und gleichzeitig tiefere Riefen im Material erzeugt werden.

Plateauähnliche Oberflächen sind auch für gesinterte Keramikbauteile typisch. Diese Bauteile weisen in der Regel eine Vielzahl von Poren auf, die sich beim Tastschnitt wie Riefen darstellen. Die Tastnadel kann in viele Poren nur noch teilweise eindringen. Das aufgezeichnete Profil hängt daher stark vom Krümmungsradius und Kegelwinkel der Tastspitze ab. Der *Rk* reagiert dabei weniger empfindlich auf die Größe der Tastspitze als andere Rauheitskenngrößen wie *Rz* oder *Rz1max*.

Der Absolutwert von *Rk* sagt noch nichts über die Form des Oberflächenprofils aus. Ist aber *Rk* beispielsweise relativ klein zu *Rz*, kann von einem plateauartigen Charakter der Oberfläche ausgegangen werden. Je kleiner *Rk* in diesem Vergleich ist, desto höher belastbar ist die Oberfläche, z. B. bei einer Anwendung in Wälz- oder Gleitlagern.

Der *Rk* beschreibt im Wesentlichen diese Plateaufläche, ohne von einzelnen nach oben zeigenden Spitzen zu sehr beeinflusst zu werden. Die funktionale Bedeutung dieser Eigenschaft ist die Annahme, dass die wenigen hervorstehenden Spitzen im späteren Gleitbetrieb nach einer Einlaufphase ohnehin nicht mehr vorhanden sind. Ebenso werden vereinzelte extrem schmale und tiefe Riefen kaum berücksichtigt, da diese Stellen nur einen geringen Austausch von Schmiermittel zur Gleitebene haben.

Sollen Bauteile gepaart werden, z. B. der Bolzen zur entsprechenden Bohrung des Kolbens eines Motors, trägt auch die Oberflächenrauheit maßgeblich zur geforderten Toleranz von z. B. 3 µm bei. Allerdings wäre eine Bewertung der Rauheit mit *Rz*, *Rz1max* oder *Ra* nicht angemessen, da die in das Material ragenden Riefen nicht zum Paarungsmaß beitragen, aber in diesen Kenngrößen enthalten sind. Stattdessen wird besser der *Rk*, evtl. mit zusätzlichen davon abgeleiteten Kenngrößen wie etwa *Rpk*, verwendet.

Grundvoraussetzung für die Ermittlung dieser Werte ist die Wiedergabe des gefilterten Profils ohne jegliche Verzerrungen, was mit dem phasenkorrekten Sonderfilter nach Normenreihe DIN EN ISO 13565 erreicht wird, siehe Abschnitt 6.4. Aus dem so gefilterten Profil wird die Abbott-Kurve ermittelt.

Eine Sekante mit der Länge 40 % auf der %-Achse der Materialanteilkurve wird an dieser Kurve so lange verschoben, bis sie die geringste Neigung hat. Die Gerade wird zu den Ordinaten links und rechts verlängert, siehe Abb. 34. Der eingeschlossene Bereich wird als Kernrautiefe *Rk* bezeichnet, da dieser Bereich des Profils die größte Zunahme des Materialanteils über eine bestimmte Tiefe aufweist. *Mr1* und *Mr2* sind die Materialanteile oberhalb und unterhalb des Kernprofils.

Die unter der Abbott-Kurve entstandene Spitzenfläche (Abb. 34) wird in ein flächengleiches Dreieck mit der Seitenlänge *0 – Mr1* verwandelt. Die Höhe dieses Dreiecks wird als reduzierte Spitzenhöhe *Rpk* bezeichnet.

Die Kenngrößen nach dieser Norm werden nur dann berechnet, wenn die Form der Abbott-Kurve den in den Bildern gezeigten S-förmigen Verlauf hat und praktisch nur einen Wendepunkt aufweist. Dieses ist bei geläppten und gehonten Oberflächen meistens der Fall und häufig auch bei geschliffenen Oberflächen.

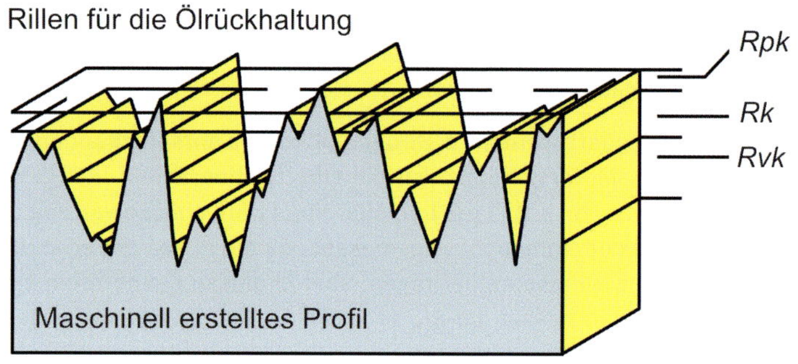

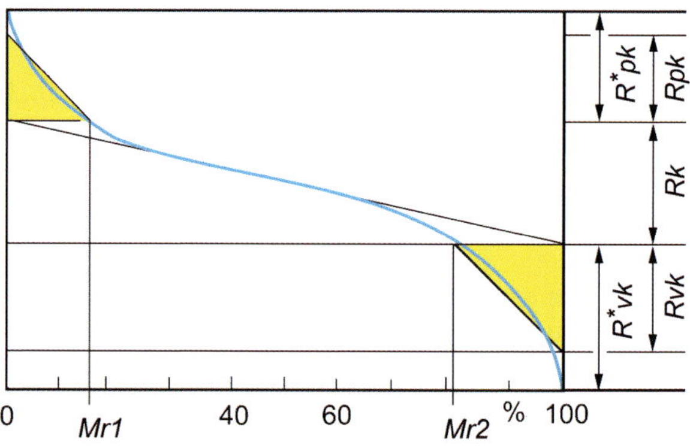

Abb. 34 – Kernrautiefe *Rk*

In gleicher Weise wird am Ende der Materialanteilkurve die reduzierte Riefentiefe *Rvk* ermittelt.

Die aus der Materialanteilkurve abgeleiteten Kenngrößen beschreiben eine Oberfläche oft treffender als eine „einfache" Kenngröße, siehe Abb. 35.

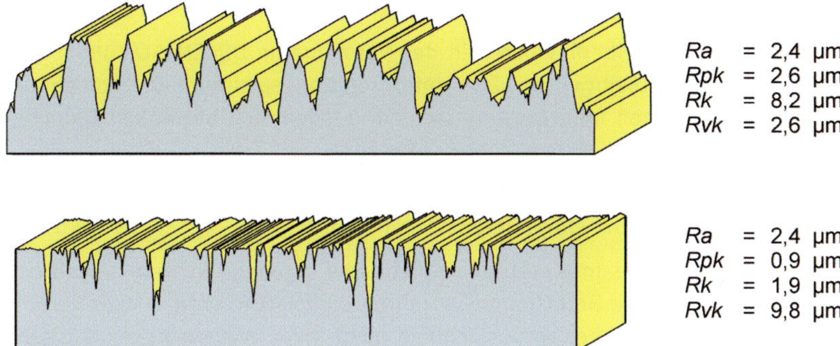

Abb. 35 – Vergleich der Kenngrößen *Rk*, *Rpk* und *Rvk* für zwei Profile mit gleichem *Ra*-Wert

Besonders bei porösen Flächen ist die genaue Tiefe einer Riefe nicht von Bedeutung. Außerdem ist sie aufgrund ihrer Form (steile Flanken) mit einer Tastspitze nur teilweise erfassbar. Von weit größerer Bedeutung sind die Höhen einzelner Spitzen. Deshalb ist es hier besonders wichtig, Spitzen und Riefen getrennt voneinander zu betrachten.

V0 gibt das Ölrückhaltevolumen in der Einheit mm^3/mm^2 an und kann aus der Kenngröße *Rvk* abgeleitet werden. *V0* ist ein Maß für die Ölmenge in mm^3, die in der Oberfläche einer Zylinderlaufbahn nach dem Abstreifen durch den Kolbenring noch haften bleibt. Aus Abb. 36 ist ersichtlich, dass *V0* identisch ist mit der Fläche unter der Kernrauheit zwischen der Abbott-Kurve und der Linie 100 %.

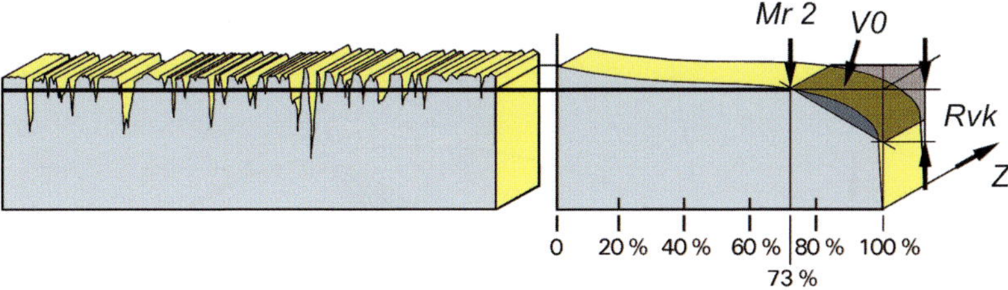

Abb. 36 – Ölrückhaltevolumen *V0*

V0 wird wie folgt berechnet:

$$V0 = \frac{Rvk\,(100 - Mr2)}{200}$$

Beispiel:

Rvk = 5 µm

Mr2 = 80 %

V0 = 0,0005 mm^3/mm^2

3.7.3.1 Ausblick ISO 21920 – *Rk*

Für *Rk* sind die Messbedingungen in der Normenreihe DIN EN ISO 13565 definiert, trotzdem verbleibt ein gewisser Interpretationsspielraum. Die sich daraus ergebenden geringen Messwertunterschiede stellen sich bei hohen Genauigkeitsanforderungen als nicht akzeptabel heraus.

Insbesonders enge Toleranzanforderungen bei den aus *Rk* abgeleiteten Kenngrößen wie *Rvk* stellen eine große Herausforderung dar.

Die sich aufgrund des Interpretationsspielraums ergebene Schwankungsbreite kann mit einem neuen Berechnungsverfahren reduziert werden. Dieses verbesserte Verfahren wird aber voraussichtlich nicht mehr in einer neuen Ausgabe der Normenreihe DIN EN ISO 13565, sondern in der geplanten neuen Norm ISO 21920 veröffentlicht werden.

3.8.3 $R\Delta q$ – Quadratischer Mittelwert der Profilsteigung

Die Kenngröße $R\Delta q$ kennzeichnet die mittlere quadratische Neigung des gefilterten Profils, bezogen auf die mittlere Linie. Die alte Bezeichnung lautete Δq. Diese Kenngröße ergibt sich gemäß Abb. 37 durch Aufteilung des Profils in kleine Segmente, deren Neigungen jeweils einzeln berechnet, quadriert und gemittelt werden.

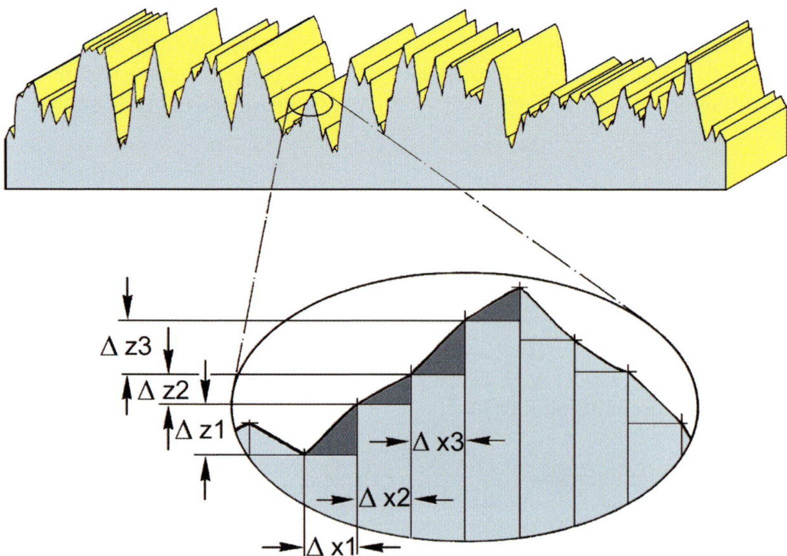

Abb. 37 – Mittlere Profilsteigung

$R\Delta q$ wird nach folgender Formel berechnet:

$$R\Delta q = \sqrt{\frac{1}{n}\sum_{i=1}^{n}\left(\frac{\Delta z_i}{\Delta x_i}\right)^2}$$

$R\Delta q$ ist die effektive Steigung des Profils. Der Vorteil des Effektivwertes liegt in seiner größeren Empfindlichkeit gegenüber Extremwerten, deren Einfluss im arithmetischen Mittelwert gemildert würde.

Es werden speziell Veränderungen in der Profilgeometrie, wie sie durch Verschleiß auftreten können, bewertet. Bei verschlissenen Profilen sind die Spitzen abgerundet, was zu niedrigen Werten für $R\Delta q$ führt.

3.8.4 *LO* – Gestreckte Länge des Profils (nicht genormt)

Der kürzeste Abstand zwischen zwei Punkten ist eine gerade Linie. Alle Abweichungen von der Geraden bewirken eine größere Entfernung zwischen beiden Punkten. Der Parameter *LO* gibt die Ist-Länge des gefilterten Rauheitsprofils an, welche die Tastspitze tatsächlich durchlaufen hat. Er wird nach folgender Formel berechnet:

$$LO = \int_0^{ln} \sqrt{1 + \left(\frac{dz}{dx}\right)^2}\, dx$$

Die Ableitung der Kenngröße *LO* ist in Abb. 38 durch den Vergleich des Oberflächenprofils mit einem Faden dargestellt. Wird der Faden gestreckt, der die Oberflächenkontur darstellt, so ergibt sich die gestreckte Länge *LO*.

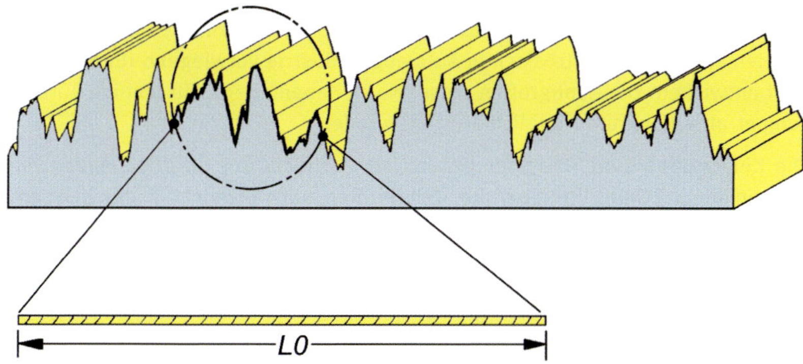

Abb. 38 – Gestreckte Länge *LO*

3.8.5 *LR* – Profillängenverhältnis

LR stellt als nicht genormte Kenngröße das Verhältnis zwischen gestreckter Profillänge *L0* und Messstrecke *ln* dar.

Je größer dieser Wert ist, umso zerklüfteter und steiler ist die gemessene Oberfläche. Ein Profil mit steilen Spitzen besitzt einen größeren Wert für *LR* als ein verrundetes Profil. Ein großer *LR*-Wert gehört zu einem stark zerklüfteten Profil, wie es erwünscht ist bei Flächen, die beschichtet werden sollen. Funktionskriterium ist dabei eine ausgeprägte Haftfestigkeit, wobei viel Fläche auf engem Raum zur Verfügung stehen soll.

Im Gegensatz dazu werden in der Lebensmittelindustrie häufig Oberflächen gewünscht, auf denen sich Keime schwer „verstecken" können. Diese Eigenschaft wird durch einen kleinen *LR*-Wert repräsentiert.

Da die Mehrzahl der technischen Oberflächen niedrige Werte der mittleren Profilneigung *R*Δ*q* aufweisen, liegen die Werte von *LR* meistens sehr nahe bei 1.

3.9 Motifkenngrößen

R – Mittlere Tiefe der Rauheitsmotifs
Rx – Maximale Tiefe der Profilunregelmäßigkeit
W – Mittlere Tiefe der Welligkeitsmotifs
Wx – Maximale Tiefe der Welligkeitsmotifs
AR – Mittlere Teilung der Rauheitsmotifs
AW – Mittlere Länge der Welligkeitsmotifs
Wte – Gesamttiefe der Welligkeit

Die Kenngrößen sind in DIN EN ISO 12085:1998-05 beschrieben. Ursprünglich wurden sie von der französischen Automobilindustrie vorwiegend für deren Bedarf entwickelt. Die Kenngrößen dieser Norm haben aber nicht so eine Verbreitung erfahren, wie ursprünglich erwartet wurde.

Die Kenngrößen sind Teil einer genormten Methodik der Oberflächenanalyse, die von den auf Gaußfiltern beruhenden Normen stark abweicht. In den Kenngrößen sind Angaben über Welligkeit und Rauheit sowie über Profiltiefe und Spitzenabstände enthalten.

Diese Norm deckt praktisch alle Aspekte eines Oberflächenprofils ab, die für die Fertigungskontrolle erforderlich sind.

Die Kenngrößen *R* und *AR* werden wie folgt berechnet:

$$R = \frac{1}{m}\sum_{i=1}^{m} H_i \qquad AR = \frac{1}{n}\sum_{i=1}^{n} AR_i$$

Die Kenngrößen *W* und *AW* werden wie folgt berechnet:

$$W = \frac{1}{r}\sum_{i=1}^{r} W_i \qquad AW = \frac{1}{t}\sum_{i=1}^{t} AW_i$$

Das Primärprofil in Abb. 39 wird durch eine Vereinfachungsvorschrift in ein Rauheits- und ein Welligkeitsprofil überführt. Aus diesen Profilen werden die Motifkenngrößen berechnet. Die Rechenvorschriften bestehen aus einem mehrstufigen Prozess, der in der DIN EN ISO 12085:1998-05 detailliert dargestellt ist.

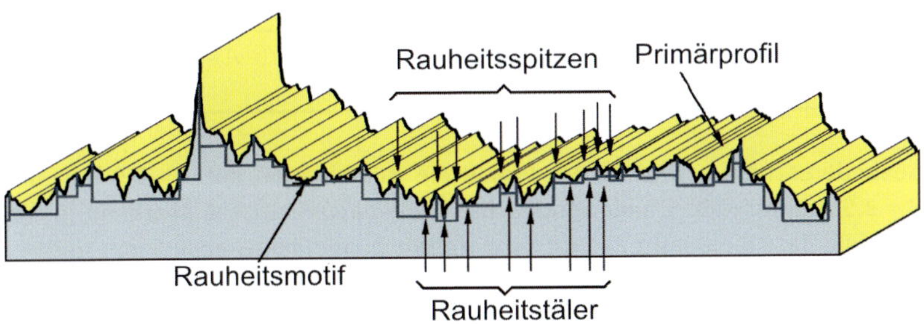

Abb. 39 – Primärprofil mit eingezeichneten Rauheitsmotifs nach DIN EN ISO 12085:1998-05

Das Welligkeitsprofil in Abb. 40 wird auf ähnliche Weise aus dem Primärprofil extrahiert.

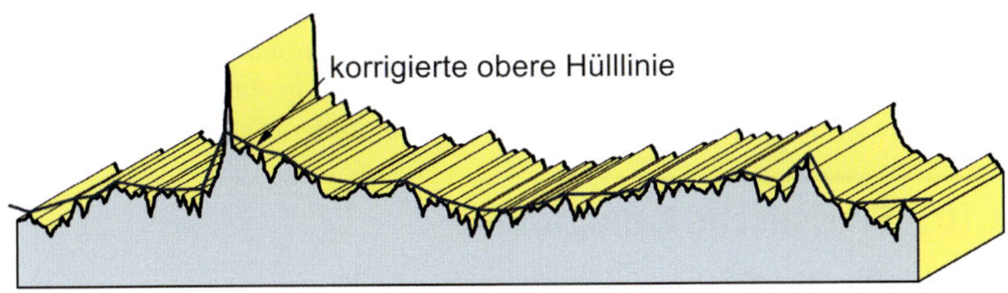

Abb. 40 – Primärprofil mit eingezeichnetem Welligkeitsprofil nach DIN EN ISO 12085:1998-05

Zur Erfassung der Motifkenngrößen nach DIN EN ISO 12085:1998-05 sind die Messbedingungen nach Tab. 5 vorgeschrieben.

Tab. 5 – Messbedingungen für Motifkenngrößen nach DIN EN ISO 12085:1998-05

A * mm	***B*** * mm	**Taststrecke** mm	**Messstrecke** mm	λs µm	**Tastspitzenradius** µm
0,02	0,1	0,64	0,64	2,5	$2 \pm 0{,}5$
0,1	0,5	3,2	3,2	2,5	$2 \pm 0{,}5$
0,5	2,5	16	16	8	5 ± 1
2,5	12,5	80	80	25	10 ± 2

* Wenn nicht anders angegeben, gelten die Vorzugswerte $A = 0{,}5$ mm und $B = 2{,}5$ mm.

Besonderes häufig wird in der Praxis die Kombination mit $A = 0{,}5$ mm und $B = 2{,}5$ mm aus Tab. 5 angewendet. Die vereinbarte Grenze *A* bestimmt in diesem Fall, dass die ermittelten *AR*-Kenngrößen immer kleiner als 0,5 mm sind.

Ein Vorteil der Motifkenngrößen gegenüber den Kenngrößen nach DIN EN ISO 4287:2010-07 besteht darin, dass keine getrennte Filterung festgelegt werden muss. Zwischen Welligkeit und Rauheit wird vielmehr aufgrund der Mikrogeometrie des Profils mit festen Grenzen unterschieden. Ein Nachteil dieser Norm ist, dass sie hauptsächlich für die Belange der Automobilindustrie geschaffen wurde und daher auf andere Gebiete nur bedingt übertragbar ist, z. B. die Elektroindustrie, wo vielfach kleinere Rautiefen zu messen sind.

Ferner sind die Messbedingungen nicht eindeutig beschrieben, so dass nur unter Vorgabe weiterer Randbedingungen vergleichbare Ergebnisse erzielt werden können. Ergänzend dazu haben sich die großen europäischen Messgerätehersteller im Jahr 1997 auf ein gemeinsames Verfahren geeinigt, wie bestimmte Abschnitte der DIN EN ISO 12085:1998-05 zu interpretieren sind.

3.10 Statistische Kenngrößen

3.10.1 Die Oberfläche aus statistischer Sicht

Bei allen computergestützten Oberflächenmessgeräten werden die Profile digital gespeichert. Diese Daten werden als Profilhöhenordinaten bezeichnet und können als statistischer Datensatz behandelt werden.

Die Analyse eines Profils erfolgt nach allgemeinen statistischen Verfahren. Sie beginnt mit der Profilhöhe bzw. Amplitudendichtekurve, die in Abb. 41 dargestellt ist.

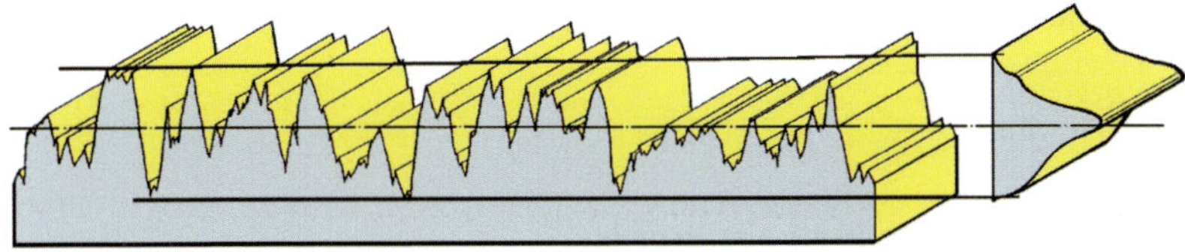

Abb. 41 – Amplitudendichtekurve

Die Amplitudendichtekurve ist eine grafische Darstellung der Verteilung der Ordinatenhöhe über die gesamte Profiltiefe.

Die kumulierte Summe der Amplitudendichtekurve ist die Abbott-Kurve, siehe Abschnitt 3.8.2.

3.10.2 *Rsk* – Schiefe des Profils

Die Schiefe gibt die Symmetrie der Amplitudendichtekurve um die Profilmitte an. Eine Amplitudendichtekurve kann eine positive oder negative Schiefe besitzen, wie in Abb. 42 dargestellt. Eine negative Schiefe zeigt an, dass der Werkstoff nahe der Oberkante des Profils konzentriert ist, die Oberfläche also einem Plateau entspricht.

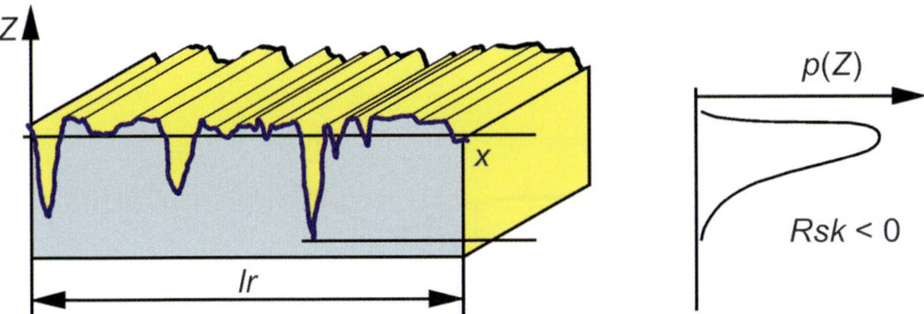

Abb. 42 – Schiefe der Amplitudendichtekurve *Rsk*

Die Schiefe hängt von der dritten Potenz der Ordinatenhöhe ab und reagiert demnach sehr empfindlich auf extreme Ordinatenwerte. Aus diesem Grund ist die Kenngröße *Rsk* für die Beurteilung von plateauähnlichen Flächen nachteilig. In Abschnitt 3.8.2 wurden die Probleme bei der zahlenmäßigen Beurteilung von plateauähnlichen Oberflächen erläutert. Extreme Riefentiefen – in diesem Fall vorteilhaft für die Funktion – ergeben hohe Werte für *Rsk*. Genauso kann eine funktional unkritische Spitze einen hohen *Rsk*-Wert bedeuten. Trotz hohen *Rsk*-Werts kann daher in manchen Fällen eine Oberfläche ein gutes Funktionsverhalten zeigen.

Die Schiefe *Rsk* wird nach folgender Formel berechnet:

$$Rsk = \frac{1}{Rq^3}\frac{1}{n}\sum_{i=1}^{n} z_i^3$$

3.10.3 *Rku* – Steilheit des Profils

Die Steilheit des Profils, die **Kurtosis**, wird nach folgender Formel berechnet:

$$Rku = \frac{1}{Rq^4}\frac{1}{n}\sum_{i=1}^{n} z_i^4$$

Die Kenngrößen *Rsk* und *Rku* können ebenso wie *Rq* in Abschnitt 3.4.2 alternativ in Integralschreibweise dargestellt werden.

3.10.4 *AKF* – Die Autokorrelationsfunktion

Korrelation ist, einfach ausgedrückt, ein Vergleich. Die Autokorrelation eines Oberflächenprofils ist ein Verfahren, verschiedene Bereiche desselben Profils miteinander zu vergleichen, um Ähnlichkeiten oder Wiederholungen zu erkennen.

Bei unregelmäßigen Profilen gibt es keine gleichen Segmente des Profils. Daher ist hier der Wert der Autokorrelationsfunktion klein. Ein regelmäßiges Profil zeigt Wiederholungen in gleichen Abständen, woraus sich ein hoher Wert für die Autokorrelationsfunktion ergibt.

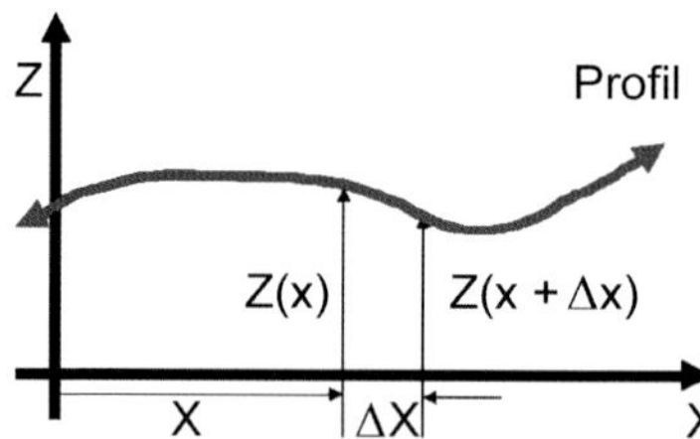

Abb. 43 – Autokorrelationsfunktion

Die Autokorrelationsfunktion ist ein Maß dafür, wie ähnlich das Profil für beliebige Entfernungen Δx zu sich selber ist. Die über der Verschiebestrecke aufgetragenen Werte der *AKF* ergeben die Kurve für die *AKF*.

Für jeden Verschiebungswert Δx wird die Ähnlichkeit der beiden Profile berechnet. Als Ähnlichkeitsmaß wird der Mittelwert aus den Produkten der jeweiligen Ordinatenhöhen der beiden Profile verwendet. Die Ähnlichkeit wird dabei jedes Mal über die gesamte Profillänge berechnet.

Für die Verschiebung $\Delta x = 0$ ist immer die maximale Ähnlichkeit gegeben, da das Profil mit sich selbst verglichen wird. Durch eine Normierung wird in vielen Ausführungsformen der *AKF* dieser Wert auf 1 bzw. 100 % normiert. Alle anderen Stellen der *AKF*-Funktion können nur kleiner oder gleich diesem Wert sein.

Wenn das Oberflächenprofil periodisch ist, z. B. einer Sinuswelle entspricht, ist auch die *AKF* periodisch. Für jede Verschiebung um ein ganzzahliges Vielfaches der Wellenlänge entspricht das verschobene Profil dem Ursprungsprofil. Somit ergibt sich wieder der maximale Wert für die *AKF*-Funktion.

Wenn das gleiche periodische Profil zu einer dieser Verschiebungspositionen eine halbe Wellenlänge weiter verschoben wird, liegt im mathematischen Sinne die größte negative Ähnlichkeit vor: Bei der Mittelwertbildung über die Produkte der Ordinatenwerte wird dann jeweils ein positiver Ordinatenwert mit einem betragsmäßig gleich großen negativen Ordinatenwert multipliziert. So sind alle Produkte negativ und es ergibt sich für die *AKF* der kleinstmögliche Wert.

Liegt der Verschiebungswert mit einer viertel Wellenlänge genau zwischen diesen beiden Werten, ergibt sich bei der Mittelwertbildung immer der Wert Null, da gleich viele positive wie negative Anteile aufsummiert werden. Die *AKF*-Funktion hat an diesen Stellen jeweils einen Nulldurchgang.

Die *AKF* kann mathematisch wie folgt definiert werden:

$$AKF(\Delta x) = \frac{\lim\limits_{\mathrm{ln}\to\infty} \int_0^{\mathrm{ln}} z(x) \cdot z(x + \Delta x)\, dx}{\lim\limits_{\mathrm{ln}\to\infty} \int_0^{\mathrm{ln}} z(x)^2\, dx}$$

Im Grenzwert der Formel kommt zum Ausdruck, dass die *AKF* streng genommen nur für unendlich lange oder in sich geschlossene Profile, z. B. Kreise, definiert ist. In der Praxis muss eine sinnvolle Anpassung vorgenommen werden.

Meist wird angenommen, das Profil sei als Ganzes periodisch. Eine fehlende Ausrichtung, insbesondere bei Primärprofilen, wird dann als sägezahnartige Kurve interpretiert. Das kann zu unerwarteten Effekten in der *AKF* führen. Dies ist noch mehr der Fall bei der Fourier-Analyse. Da die direkte Berechnung der *AKF* sehr rechenintensiv ist, wird diese geräteintern oft über den Umweg der schnellen Fourier-Transformation ermittelt. Die *AKF* ist daher auch zum Teil von den Einschränkungen betroffen, die bei der Fourier-Transformation gemacht werden müssen. Bei einem unregelmäßigen Profil fällt die Autokorrelationsfunktion schnell auf 0 ab – das Profil zeigt keine Wiederholungen. Eine regelmäßige Oberfläche ist an einer nicht verschwindenden, regelmäßigen *AKF* erkennbar.

Die Korrelationslänge $\Delta x0$ ist die Länge, über welche die *AKF* stetig bis zum ersten Minimum absinkt.

Die Korrelationswellenlänge λw ist die Wellenlänge der vorherrschenden periodischen Komponente des Oberflächenprofils.

In Abb. 44 sind zwei Oberflächenprofile und ihre *AKF*-Kurven dargestellt. Beide Oberflächen wurden durch Schleifen auf derselben Maschine hergestellt. Die Oberfläche A wurde mit niedriger Zustellgeschwindigkeit und einer korrekt abgerichteten Schleifscheibe geschliffen. Die Korrelationslänge und die Korrelationswellenlänge sind beide kurz. Die Oberfläche ist unregelmäßig, abgesehen von der pseudoperiodischen Rauheit, bedingt durch das Schleifverfahren.

Die Oberfläche B besitzt eine große Korrelationslänge und eine lange Korrelationswellenlänge. Das Oberflächenprofil enthält eine starke periodische Komponente mit einer Wellenlänge λw. Die Oberfläche wurde mit einer schlecht abgerichteten Schleifscheibe und niedriger Zustellgeschwindigkeit geschliffen.

Zwar besitzen beide Oberflächen ähnliche Werte für *Ra*, jedoch zeigt die *AKF*, dass die Oberfläche B eine deutlich erkennbare periodische Komponente enthält, wodurch sie als Dicht- oder Lagerfläche wenig geeignet ist.

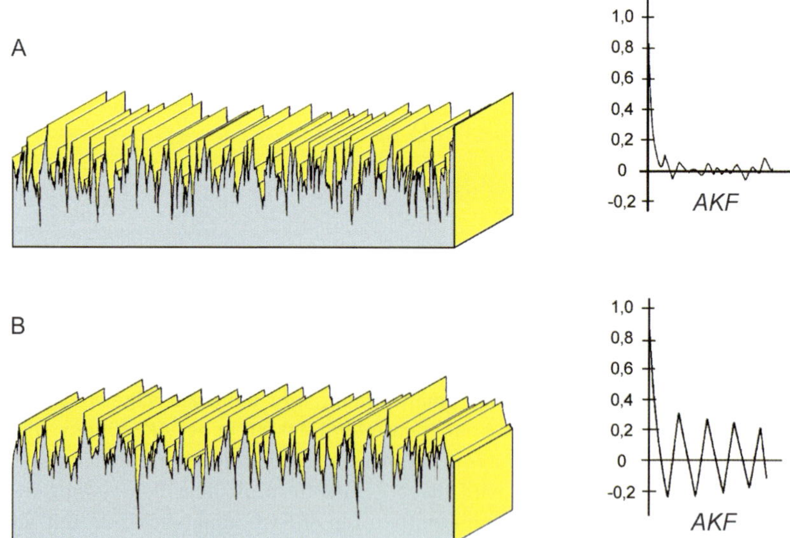

Abb. 44 – Autokorrelationsfunktionen von zwei verschiedenen Profilen

3.10.5 Fourier-Analyse (nicht genormt)

Jedes Oberflächenprofil besteht aus einer Vielzahl verschiedener Wellenformen, die einander überlagert sind. Der tatsächliche Aufbau des Profils – Größe und Form der im Profil vorhandenen Wellenformen – kann mit der Fourier-Analyse bestimmt werden.

Die Fourier-Transformation ist ein Verfahren, durch das eine Reihe von Sinuswellen erzeugt wird, deren Summe dem Originalprofil entspricht. In dem so entstandenen Spektrum werden für jede Oberwelle die Frequenz oder Wellenlänge und die Amplitude spezifiziert. Da die Berechnung sehr zeitaufwändig sein kann, wird in der Praxis fast ausschließlich mit optimierten Verfahren gearbeitet. Eine häufig angewendete Berechnungsart ist die sogenannte schnelle Fourier-Transformation (Fast Fourier Transformation – *FFT*), die oft mit der Fourier-Transformation gleichgesetzt wird.

Das Profil in Abb. 45 besitzt eine deutlich periodische Form. Die unter dem Profil angegebenen Ergebnisse der Fourier-Analyse geben die Amplitude der verschiedenen Sinuswellen wieder, die erforderlich sind, um das ursprüngliche Profil nachzubilden. Die hohe Amplitude der Sinuswelle mit einer Wellenlänge von 0,7 mm gibt die vorherrschende Kurvenform an.

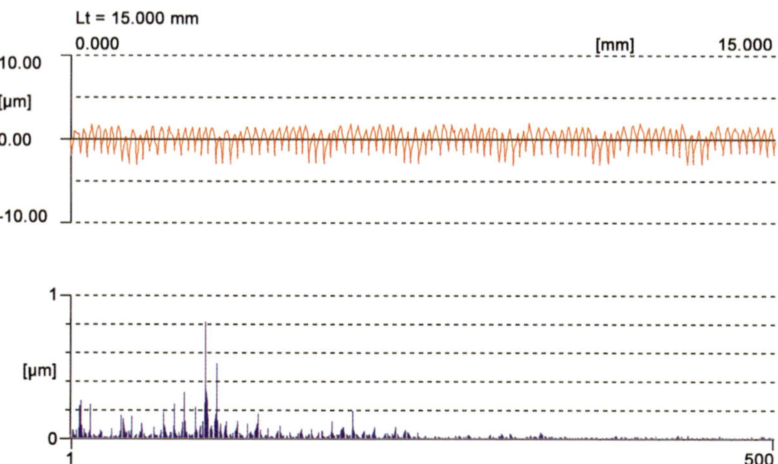

Abb. 45 – Fourier-Analyse eines pseudoperiodischen Profils

Die aus der Fourier-Analyse gewonnenen Informationen sind identisch mit der Information, die in der Autokorrelationsfunktion enthalten ist. Sie wird nur in anderer Form dargestellt. Die Fourier-Analyse kann u. a. Aufschluss über das Schwingungsverhalten von Werkzeugmaschinen liefern.

Die Fourier-Analyse funktioniert problemlos bei periodischen Profilen, wenn z. B. ein geschlossenes Profil entlang eines Umfangs gemessen wurde. Bei normalen Profilen wird lediglich von der Methodik der Fourier-Analyse *angenommen*, dass das Profil periodisch sei. Das Profil wird dazu vor der Berechnung um sich selbst in unendlicher Folge verlängert. In der Regel gibt es an diesen Nahtstellen einen Sprung, der sich im Spektrum durch eine Vielzahl von Oberwellen äußert und den eigentlichen Inhalt bis zur Unkenntlichkeit verzerren kann.

In der Praxis ist die Fourier-Analyse daher nur dann zu empfehlen, wenn im Profil stark ausgeprägte regelmäßige Wellen mit nicht zu geringer Frequenz erkennbar sind und das Profil zuvor gut ausgerichtet wurde.

3.11 Dreidimensionale Analyse der Oberfläche

Eine Rauheitsmessung mit einer Tastspitze kann nur Daten in zwei Dimensionen liefern, die als x- und z-Achse bezeichnet werden, wobei die z-Achse die senkrechten Profilhöhen angibt. Oberflächenmessungen sollen immer quer zur bevorzugten Riefenrichtung durchgeführt werden, wodurch die Lage der x-Achse bereits festgelegt ist. Visuell wird der Bereich ausgewählt, in dem die schlechtesten Ergebnisse zu erwarten sind, unter der Annahme, dass parallele Messungen an anderer Stelle ähnliche Ergebnisse liefern würden. Dies ist für viele technische Oberflächen richtig, und die Oberflächenmessung kann auf wenige Abtastungen beschränkt werden.

Es gibt jedoch Fälle, in denen die Oberfläche kein deutlich definiertes Riefenbild aufweist und parallele Messungen stark abweichende Ergebnisse liefern. In derartigen Fällen ist es zweckmäßig, die Oberfläche dreidimensional als Fläche darzustellen, um eine flächenmäßige Betrachtung zu ermöglichen. Beispiele dafür sind Blechoberflächen, deren Lackiereignung untersucht werden soll, z. B. strukturierte Walzen, Oberflächen von Folien, Papier, lackierte Flächen. Abb. 46 zeigt das Ergebnis von 400 Parallelmessungen an einem Blech, das mit einer laserstrukturierten Walze in einem Blechwalzwerk dressiert wurde.

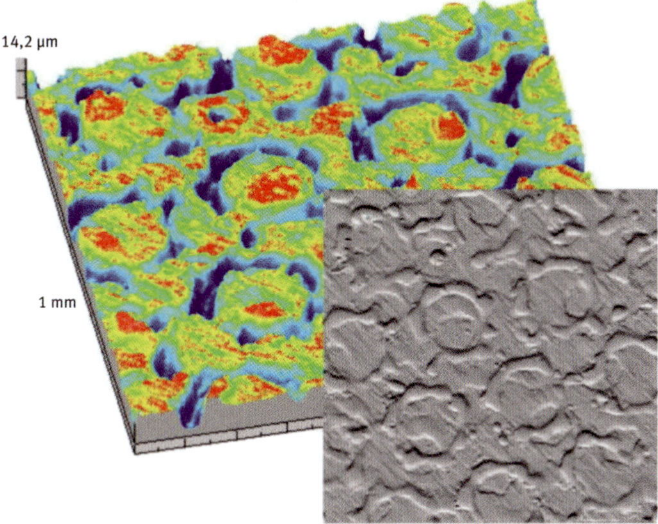

Abb. 46 – Dreidimensionale Darstellung einer strukturierten Blechoberfläche

Abgesehen von einer visuellen Analyse der Oberflächendarstellung können auch verschiedene quantitative Kenngrößen berechnet werden.

Dazu gehören beispielsweise:

- *Sz* – flächenbezogene gemittelte Rautiefe,
- *Sa* – flächenbezogener arithmetischer Mittenrauwert,
- *Sk* – flächenbezogene Kernrautiefe.

Aus der vollständigen Topographie einer Oberfläche können weitere Größen abgeleitet werden, die aus einem einzelnen Tastschnitt nicht herleitbar sind. Dazu gehören z. B. die Ermittlung der Volumina der eingeschlossenen Täler sowie Winkel- und Abstandsbeziehungen von Oberflächenelementen.

Die oben angeführten dreidimensionalen Kenngrößen sowie ihre Kurzzeichen sind mittlerweile in der Normenreihe DIN EN ISO 25178 beschrieben, siehe auch Abschnitt 9.1.4.12.

Wegen der hohen Anforderung hinsichtlich sehr geringem Punktabstand und zugleich genügend großen Messfeldern ergeben sich bei der Verwendung mechanisch abtastender Messgeräte i. d. R. nicht akzeptabel lange Messzeiten. Deswegen haben sich zur Messung der flächenhaften Kenngrößen optische Messgeräte etabliert. Diese Geräte werden ebenfalls in der genannten Normenreihe beschrieben.

Der grundsätzlich anderen Art der Antastung bei mechanischen und optischen Messgeräten wird in dieser Normenreihe durch Unterscheidung der Werkstückoberfläche in eine mechanische bzw. elektromagnetische Oberfläche Rechnung getragen.

Bei einem mechanischen Messgerät ist die Auflösung von feinen Oberflächenstrukturen im Wesentlichen geometrisch durch den Radius der Tastspitze und den Messpunktabstand festgelegt. Im Gegensatz zu der bisher üblichen Vorgehensweise wird jedoch erstmalig die filternde Wirkung der Tastspitze aus den aufgenommenen Tastschnitten herausgerechnet. Konvexe Strukturen, z. B. eine aus dem Werkstück herausragende Kante, können so im Modell der mechanischen Oberfläche ohne die sonst durch die Tastspitze hervorgerufene Verrundung dargestellt werden.

Bei einem optischen Messgerät kommen für die Auflösung der Werkstückstruktur weitere Merkmale hinzu. Dazu zählen in erster Linie die Wellenlänge des zur Abbildung verwendeten Lichtes sowie der Öffnungswinkel des verwendeten Objektivs, welcher durch die numerische Apertur ausgedrückt wird. Je kleiner die Wellenlänge und je größer die numerische Apertur, desto feinere Oberflächenstrukturen können vom Messgerät richtig gemessen werden.

3.11.1 Drall-Kenngrößen

Rotierende Wellen von Pumpen und Getrieben müssen häufig durch Gehäusewände nach außen geführt werden. Dabei darf möglichst wenig von den Flüssigkeiten, wie Wasser oder Öl, nach außen gelangen. Eine Undichtigkeit wirkt sich negativ auf die Umwelt aus und kann zu erhöhtem Verschleiß sowie vorzeitigem Ausfall des Bauteils führen.

Eine unerwünschte Undichtigkeit kann auftreten, wenn die rotierende Dichtoberfläche spiralförmige Strukturen aufweist. Kritisch sind diese spiralförmigen Strukturen, wenn sie gleichzeitig eine gewisse Tiefe und einen bestimmten Steigungswinkel überschreiten. In so einem Fall spricht man von Drall.

Drallstrukturen treten in vielen Ausprägungen und aufgrund unterschiedlicher Ursachen auf. Liegt die Oberflächenstruktur wegen eines Schränkungswinkels zwischen Schleifscheibe und Werkstück nicht in einer Ebene senkrecht zur Rotationsachse, spricht man vom Schränkungsdrall.

Über das Abrichten der Schleifscheibe entstandene periodische Anteile in der Oberfläche nennt man Abrichtdrall, deren Variationsmöglichkeiten besonders groß sind. Bezogen auf die axiale Periodenlänge liegen die Ausprägungen zwischen 0,03 mm und 0,5 mm. Typisch ist, dass sich die Periodenlänge während des Fertigungsprozesses sprunghaft verändern kann. Die Auswertemethode orientiert sich daran, dass Periodenlängen beliebig auftreten können. Die

Kenngrößen aus der DIN EN ISO 4287-7:2010-07, wie etwa *Wt*, sind ungeeignet, da sie immer auf eine festgelegte Grenzwellenlänge angewiesen sind.

Bei den zu prüfenden Werkstückabschnitten handelt es sich in der Regel um eine Innen- oder Außenfläche eines Zylinders. Um den Umfang des Zylinders herum wird in regelmäßigen Winkelabständen eine genügende Anzahl von Tastschnitten jeweils parallel zur Zylinderachse ausgeführt. Alle Messungen zusammen bilden die Oberfläche des Zylinders ab.

Abb. 47 – Drallmessplatz

Die Anzahl der einzelnen Messungen und damit der Winkelabstand zwischen den Messungen ergeben sich aus dem Durchmesser des Werkstücks und der Art der Oberfläche. In der Praxis werden insgesamt 72 Messungen durchgeführt, die gleichmäßig entweder über 360° oder 36° verteilt sind.

Die Auswertung erfolgt in mehreren Schritten:

1. Auffinden der mittleren dominanten Wellenlängen der einzelnen Tastschnitte wie in Abschnitt 3.5.2,
2. Schmalbandfilterung der einzelnen Tastschnitte,
3. Zweidimensionale Spektralanalyse der so gefilterten Oberflächentopographie,
4. Auffinden der 5 höchsten Spektrallinien,
5. Berechnung von Förderquerschnitt, Drallwinkel, Gang, Dralltiefe und Periodenlänge auf Basis der gefundenen Spektrallinien.

Analog zur Ermittlung der dominanten Wellenlängen in Abschnitt 3.5.2 unterscheidet das Verfahren nach dem Vorhandensein von keiner, einer oder zwei dominanten Wellenlängen. Wird keine dominante Wellenlänge gefunden, gilt das Werkstück als drallfrei.

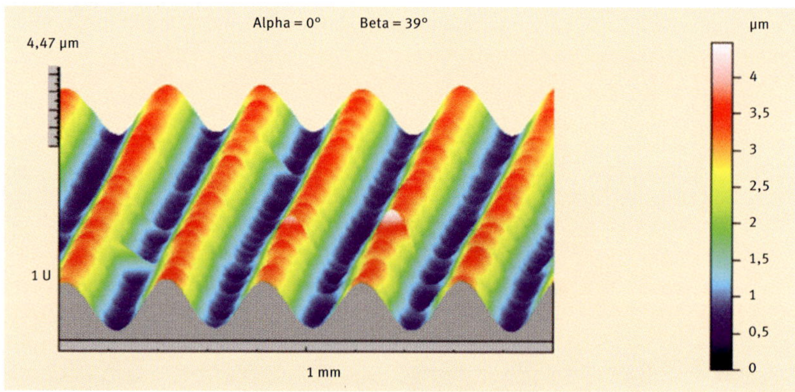

Abb. 48 – Drallstruktur auf einer abgewickelten Zylinderoberfläche

Das Messverfahren erfordert zusätzlich zum Vorschub für den Rauheitstaster eine Winkelpositioniereinrichtung für das Werkstück.

Die Messung kann alternativ auf einem Formmessgerät ausgeführt werden. Die z-Achse übernimmt dabei die lineare Bewegung, und das Drehlager positioniert das Werkstück auf die einzelnen Winkelpositionen.

Ähnlich wie bei der dominanten Wellenlänge erfordert das Messverfahren keine weiteren Festlegungen für die Filter.

Die Drallmessung ist in der DaimlerChrysler-Werknorm MBN 31 007-7:2002-05 beschrieben.

4 Oberflächenmessgeräte

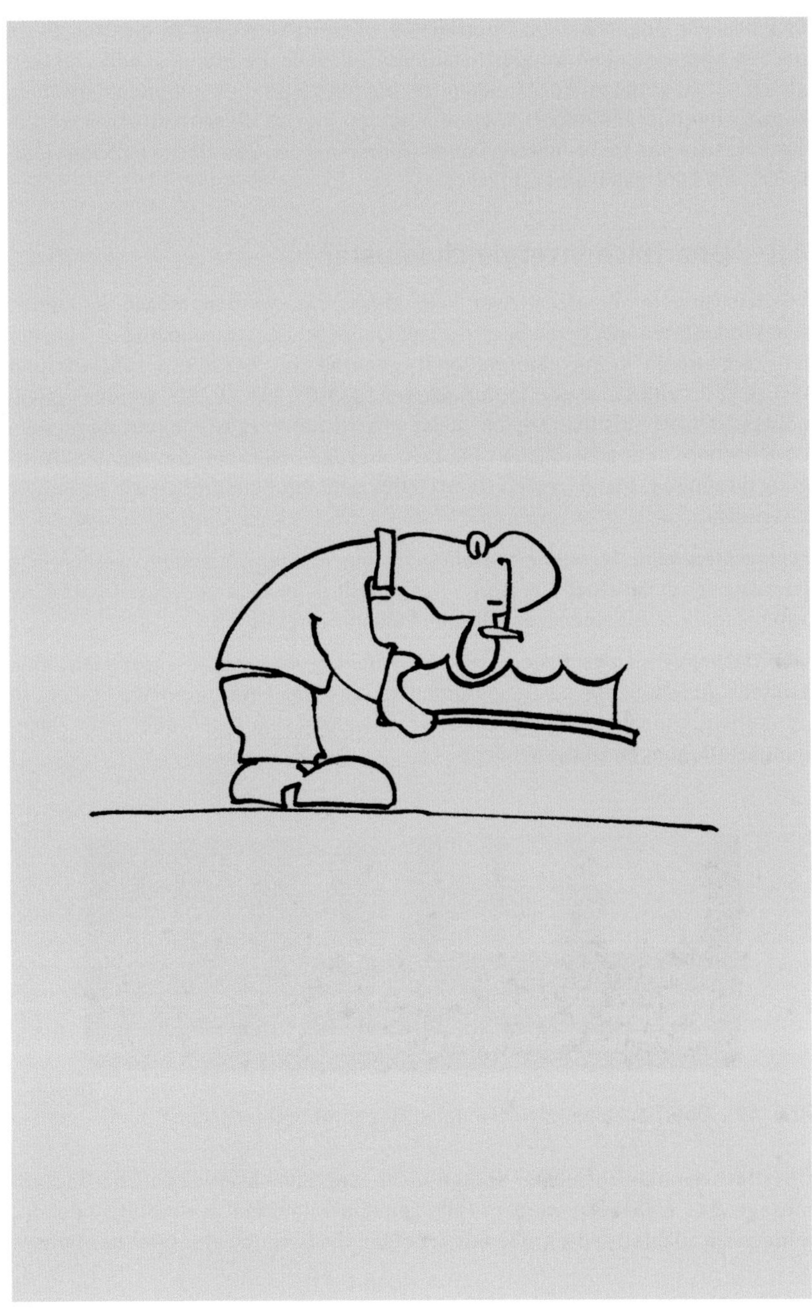

Es gibt viele Möglichkeiten, Oberflächen zu beurteilen oder zu messen. Diese reichen von einfachen Vergleichsmustern (visuelle Beurteilung oder Tastvergleich mit Fingernagel oder Geldmünze) bis hin zu Geräten mit pneumatischen, kapazitiven oder induktiven Wegaufnehmern. Von all diesen Verfahren wird in der Industrie das Tastschnittverfahren (Aufnahme der Oberfläche mit einer Tastspitze) am häufigsten eingesetzt.

4.1 Oberflächenvergleichsmuster

Vergleichsmuster ersetzen zwar kein Messgerät, werden jedoch in kleineren Werkstätten noch eingesetzt, um Oberflächen zahlenmäßig zu bewerten. Sie waren früher international genormt in ISO 2632-1:1985-09 und ISO 2632-2:1985-11 sowie in DIN 4769-1:1972-05 bis -3. Sie werden galvanoplastisch als positive Kopien meist aus Nickel hergestellt und beinhalten Oberflächen unterschiedlicher Rauheit, bezogen auf ein bestimmtes Fertigungsverfahren. Die einzelnen Oberflächen sind mit Kenngrößen wie *Ra* und *Rz* beschriftet.

Für verschiedene Fertigungsverfahren sollen Muster verwendet werden, die jeweils nach demselben Verfahren hergestellt sind. Eine gedrehte Oberfläche kann man nicht mit einem geschliffenen Muster vergleichen.

Oberflächenvergleichsmuster, wie in Abb. 49 dargestellt, gestatten eine schnelle Abschätzung der ungefähren Rauheit am gefertigten Werkstück. In der Konstruktion werden solche Muster verwendet, um Anhaltswerte für Zeichnungseintragungen zu bekommen.

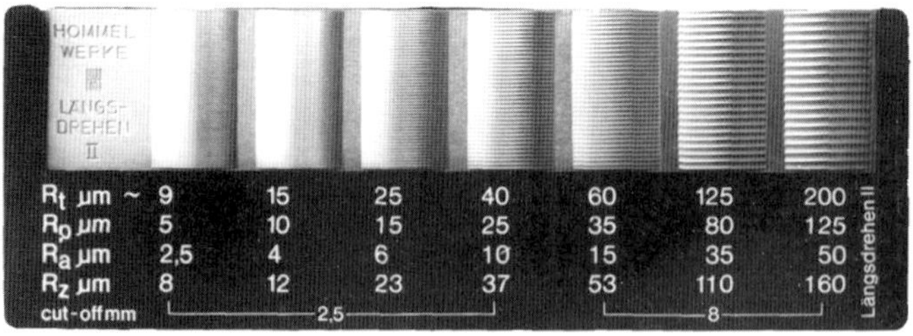

R_t µm ~	9	15	25	40	60	125	200
R_p µm	5	10	15	25	35	80	125
R_a µm	2,5	4	6	10	15	35	50
R_z µm	8	12	23	37	53	110	160
cut-off mm	2,5				8		

Abb. 49 – Oberflächenvergleichsmuster für gedrehte Oberflächen

Oberflächenvergleichsmuster sollten nicht zum Einmessen eines Oberflächenmessgerätes eingesetzt werden. Falls kein Einstellnormal zur Verfügung steht, können sie allenfalls eine grobe Aussage über die Funktion eines Gerätes liefern.

4.2 Tastschnittverfahren

Beim Tastschnittverfahren bewegt ein Vorschubapparat einen Taster rechtwinklig zur Rillenrichtung über die Oberfläche des Werkstücks (Abb. 50). Der senkrechte Hub der Tastspitze wird in ein elektrisches Signal umgesetzt. Die Messwerterfassung wird vom Auswertegerät gesteuert. Das Messsignal wird im Auswertegerät verstärkt und als digitales P-Profil des Werkstücks erfasst. Von diesem Profil wird das R-Profil durch digitale Filterung berechnet und zusammen mit den daraus abgeleiteten Kenngrößen auf dem Display angezeigt.

Vor Beginn der Messung wird die Bezugsebene des Vorschubapparates mit Hilfe der Kippeinheit, der Messsäule und des Messtisches passend zur Werkstückoberfläche ausgerichtet.

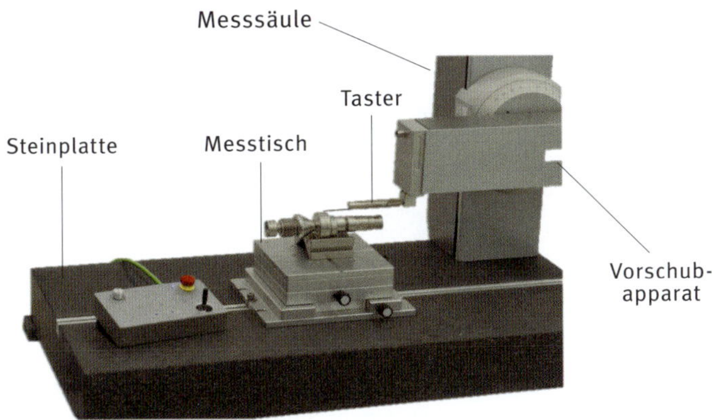

Abb. 50 – Schematischer Aufbau eines Tastschnittgerätes

4.2.1 Normen zu Tastschnittgeräten

Mit der breiteren Verfügbarkeit von leistungsfähigen und universellen Tastschnittgeräten ist die Bedeutung von Oberflächenvergleichsmustern zurückgegangen. Die DIN-EN-ISO-Normen gehen daher auf die Vergleichsmuster nicht mehr ein, sondern sind ausschließlich den Tastschnittverfahren gewidmet.

Die Anforderungen an ein modernes Tastschnittgerät sind in der Norm DIN EN ISO 3274:1998-04 beschrieben. Diese Norm löste die ältere Norm DIN 4772:1979-11 ab.

Neu ist seitdem die Begrenzung der kurzwelligen Anteile in den Oberflächenprofilen. Damit die Messergebnisse verschiedener Tastschnittgeräte untereinander besser vergleichbar sind, wird eine Tiefpassfilterung des ursprünglichen Signals vorgenommen. Unterschiede aufgrund der Tastspitzengeometrie und ein Teil der immer vorhandenen elektrischen und mechanischen Grundstörungen werden so egalisiert.

Diese Filterwirkung wird mit der Maßzahl λs eingestellt. Je größer λs, desto stärker ist die Filterwirkung. In der DIN EN ISO 3274:1998-04 gibt es eine Tabelle für die Wahl von λs in Abhängigkeit vom Filterwert λc für das Rauheitsprofil, siehe Tab. 6.

Tab. 6 – DIN EN ISO 3274:1998-04: Einstellung der Grenzwellenlänge λs und Wahl der passenden Tastspitze

λc mm	λs µm	$\lambda c / \lambda s$	r_{tip} Höchstwert µm	Profilpunktabstand Höchstwert µm
0,08	2,5	30	2	0,5
0,25	2,5	100	2	0,5
0,8	2,5	300	2 *)	0,5
2,5	8	300	5 **)	1,5
8	25	300	10 **)	5

*) Bei Oberflächen mit $Ra > 0{,}5$ µm oder $Rz > 3$ µm kann $r_{tip} = 5$ µm im Regelfall ohne nennenswerte Unterschiede in den Messergebnissen angewendet werden.

**) Bei Grenzwellenlängen von $\lambda s = 2{,}5$ µm und 8 µm ist es als sicher anzunehmen, dass die von der mechanischen Filterung eines Tasters mit dem empfohlenen Spitzenradius verursachte Dämpfungscharakteristik außerhalb des definierten Übertragungsbandes liegt. In diesem Fall haben kleine Abweichungen des Radius und der Form der Tastspitze einen vernachlässigbar kleinen Einfluss auf die aus dem gemessenen Profil errechneten Werte der Kenngrößen.

Wenn ein anderes Verhältnis der Grenzwellenlängen für notwendig gehalten wird, um eine sachgerechte Anwendung zu ermöglichen, muss dieses Verhältnis angegeben werden.

In der gleichen Tabelle sind auch die minimalen Messpunktabstände vorgegeben. Werden Messungen zwischen einem älteren und einem modernen Oberflächenmessgerät verglichen, kann sich die Situation ergeben, dass das ältere Gerät zu wenig Messpunkte für die Standardmessbedingungen aufweist. Die Werte werden in diesem Fall besser vergleichbar, wenn am modernen Gerät ein geringeres Verhältnis $\lambda c / \lambda s$ eingestellt wird.

Neu gegenüber der Vorgängernorm ist auch die Verwendung von 2-µm-Tastspitzen bei feinen Rauheiten. In dem in der Praxis häufig vorkommenden Bereich mittlerer Rauheiten mit $\lambda c = 0{,}8$ mm darf wahlweise auch eine 5-µm-Tastspitze verwendet werden. Dies ist vorteilhaft, da 2-µm-Tastspitzen verglichen mit 5-µm-Tastspitzen eine naturgegebene größere Empfindlichkeit gegenüber Beschädigungen aufweisen.

Der Verband der Deutschen Automobilindustrie VDA empfiehlt, abweichend von der internationalen Normung in der Richtlinie VDA 2006 den Filter λs nicht anzuwenden, damit die Eigenschaften von fein strukturierten Oberflächen möglichst detailliert erfasst werden können.

4.2.2 Taster

Im Taster befinden sich die hochpräzise Lagerung der Tastspitze und der Wandler, der die Vertikalbewegungen der Tastspitze in ein elektrisches Signal umsetzt. Der Taster besteht aus:

- Tastspitze
- Wandler
- Gleitkufe

In Abb. 51 ist ein moderner Oberflächentaster mit einem induktiven Wegaufnahmesystem dargestellt. Bei diesem System wird eine Diamantspitze über die zu messende Oberfläche geführt.

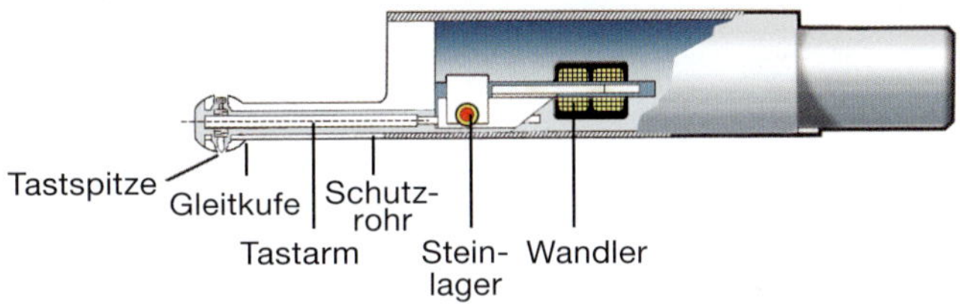

Abb. 51 – Querschnitt eines induktiven Oberflächentasters

Die Tastspitze ist am Tastarm befestigt, welcher vertikal zur Abtastebene drehbar gelagert ist.

Auf der Oberseite des Tastarmes befinden sich zwei Ferrit-Plättchen. In Ruhelage des Tasters ist der Abstand dieser Plättchen zu den zwei im Tastergehäuse angeordneten Spulen genau definiert. An diese Spulen wird eine sinusförmige Trägerspannung angelegt. Jede Auslenkung der Tastspitze infolge ihrer Bewegung über eine raue Oberfläche bewirkt eine Veränderung der Induktivität in den Spulen.

Die Spannungsänderungen werden von der Elektronik des Tastschnittgerätes ausgewertet, in ein der Auslenkung proportionales Signal umgewandelt und als entsprechende Oberflächenmaßzahl angezeigt sowie protokolliert.

4.2.2.1 Tastspitze

Mit einer Tastspitze aus Diamant, dargestellt in Abb. 52, wird die Oberfläche abgetastet. Sie besitzt eine Kegelspitze mit einem Radius von 5 µm und einem Spitzenwinkel von 90°, in Sonderfällen auch einen Radius von 2 µm und einen Spitzenwinkel von 60°. Angebracht ist sie am Ende eines Ankers, der in einem hochpräzisen Steinlager oder zwischen Federzungen gelagert ist, da kleinste Vertikalbewegungen aufgenommen und übertragen werden müssen.

Abb. 52 – Aufnahme einer 5-µm-Tastspitze mit einem Rasterelektronenmikroskop

Die Geometrie der Tastspitze wirkt sich insbesondere dann auf die Messungen aus, wenn sehr kleine und vor allem steile Strukturen erfasst werden sollen. Bei allen mechanisch bearbeiteten Oberflächen beträgt der Öffnungswinkel zwischen 2 Riefen ungefähr 140° und wird umso größer, je feiner die Oberfläche ist, so dass bei den meisten Messungen keine Verzerrungen durch die Größe der Tastspitze zu erwarten sind.

Sollen jedoch in Sonderfällen sehr steile Flanken erfasst werden, so werden Profile mit einem größeren Winkel als 45° gegen die Waagerechte und kleinere Radien als 5 µm leicht verzerrt. Für solche Fälle stehen die Spitzen mit 2 µm und 60° zur Verfügung. Mögliche Auswirkungen der Geometrie der Tastspitze sind in Abb. 53 dargestellt.

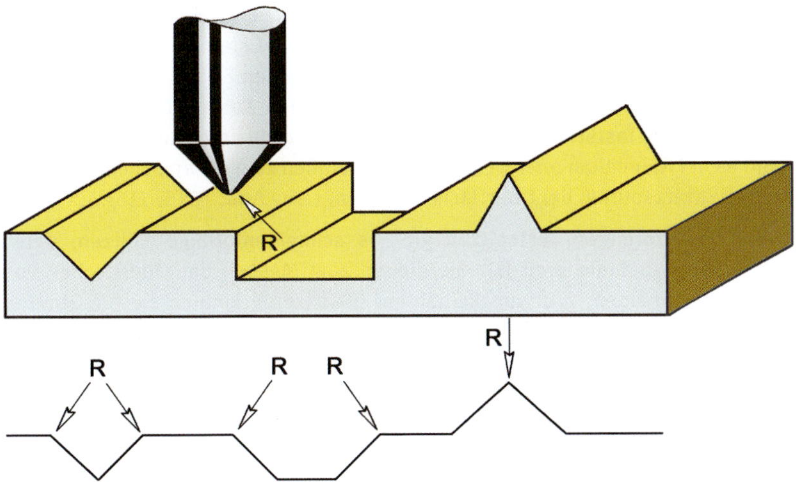

Abb. 53 – Das Oberflächenprofil wird durch die Tastspitze verrundet wiedergegeben.

In der Oberflächenmesstechnik müssen sehr kleine Längenunterschiede erfasst werden. Typische Oberflächenkenngrößen werden in µm angegeben (1 µm = 0,001 mm). So kleine Längen sind uns aus den Erfahrungen des täglichen Lebens nicht bekannt. Die Abb. 54 schlägt die Brücke von den in der Oberflächenmesstechnik regelmäßig auftretenden Größen zu Gegenständen, deren Größe jedermann vertraut ist.

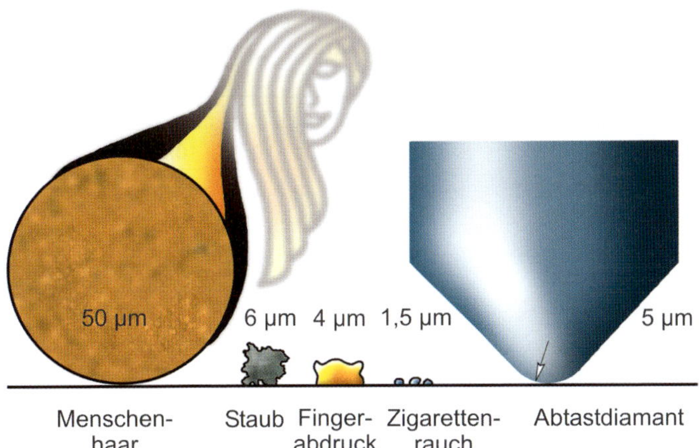

Abb. 54 – Veranschaulichung der Größenverhältnisse

Von der Standardgröße 5 µm/90° abweichende Spitzen, z. B. Ausführungen mit 2 µm/60°, sind besser in der Lage, steile Flanken und kleinere Radien zu erfassen, haben aber bei gleicher Auflagekraft eine um den Faktor 6,25 höhere Flächenpressung. Besonders bei weichen Werkstoffen sollten Taster eingesetzt werden, deren Tastspitzenmesskraft auf 0,2 mN reduziert wurde. Andernfalls kann es bei Aluminium oder weichen Lagermetallen zu mechanischen Beschädigungen (Kratzspuren) der Oberfläche kommen, siehe Abb. 78 (S. 116).

Neben kegelförmigen Tastspitzen gibt es schneidenförmige Spitzen, deren Schneide ca. 0,3 mm breit ist. Sie dienen zum Messen der Oberflächen von Werkzeugschneiden, z. B. von Reibahlen. Gleichzeitig können sie für Oberflächenmessungen an Wellen mit Durchmessern unter 2 mm eingesetzt werden, da hier das Ausrichten einer kegelförmigen Spitze sehr zeitaufwändig ist. Für größere Wellendurchmesser sollten solche Schneiden nicht verwendet werden, da dann Differenzen zu Messungen mit kegelförmigen Spitzen auftreten können. Ebenfalls Rauheiten von Fäden, z. B. für chirurgische Zwecke, können mit solchen Schneiden erfasst werden.

Messungen mit unterschiedlichen Spitzenradien führen zu verschiedenen Ergebnissen. Dies gilt insbesondere für poröse Flächen (keramische oder gesinterte Oberflächen), da hier Spitzen mit kleineren Radien und Winkeln tiefer in einzelne Riefen eindringen können und somit größere Rautiefenwerte erfassen, siehe Abb. 56.

Es wird empfohlen, alle Messungen mit Standardtastspitzen auszuführen. Sondertastspitzen sind nur zu verwenden, wenn die Oberflächengeometrie dies erforderlich macht. Dies muss im Messprotokoll vermerkt werden. Die Taster sind häufig nach der zurückgezogenen Norm DIN 4772:1979-11 mit den Daten von Tastspitze und Gleitkufe beschriftet, da in den neuen DIN-EN-ISO-Normen keine detaillierten Angaben zur Beschriftung enthalten sind, siehe Abb. 55.

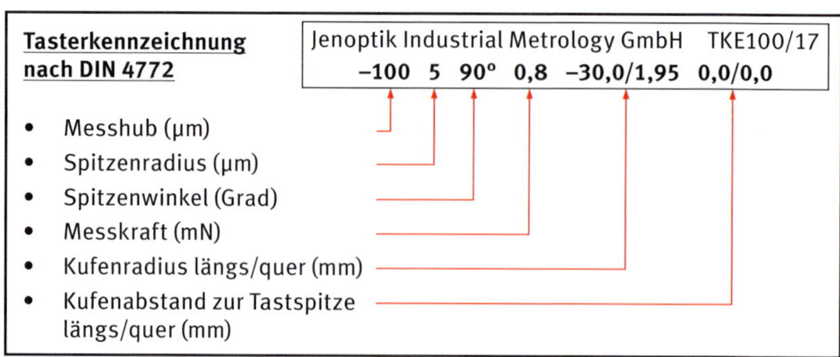

Abb. 55 – Kennzeichnungsbeispiel von Tastern nach DIN 4772:1979-11, zurückgezogen, Ersatz ist DIN EN ISO 3274:1998-04

Die Härte der Diamantspitze verhindert bei normalen Messungen jegliche Abnutzung, sofern nicht Messungen an extrem harten Werkstücken durchgeführt werden, z. B. auf diamantbestückten Schleifscheiben oder auf Honsteinen. Trotzdem sollte die Geometrie der Tastspitze in regelmäßigen Abständen kontrolliert werden, da unsachgemäße Behandlung zu Ausbrüchen am Diamant führen kann. Dazu wird ein Kalibriernormal mit engem Riefenabstand verwendet, wie in Abb. 58 dargestellt. Eine Spitze mit größerem Radius, entstanden durch Beschädigung, kann nicht bis in den Grund der Riefe eindringen. Somit werden geringere Werte als die Sollwerte angezeigt, siehe Abb. 57.

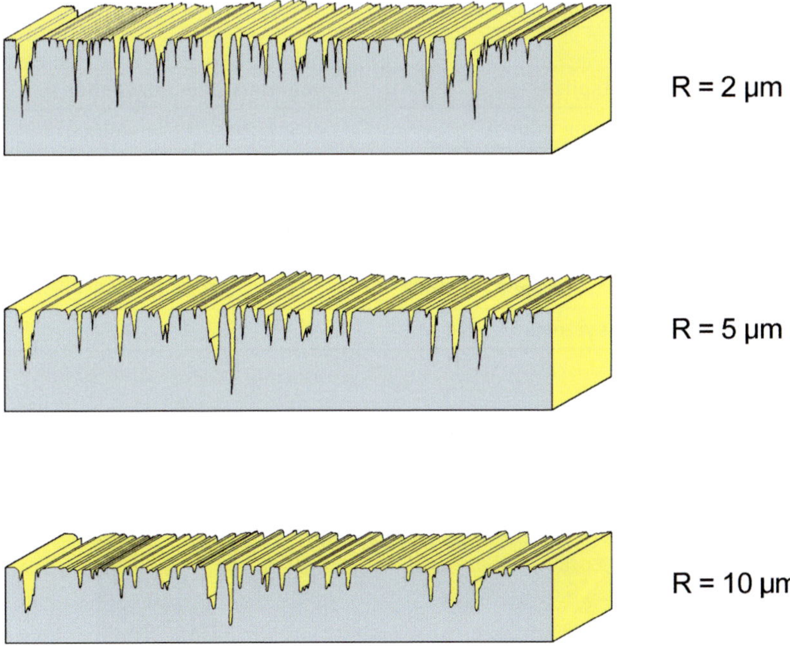

Abb. 56 – Vergleich von Messungen desselben Profils mit verschiedenen Spitzenradien R

Tab. 7 – Standardkonfiguration von Tastern gemäß DIN 4772:1979-11 (zurückgezogene Norm)

Tastspitze			
• Spitzenwinkel	$(60 \pm 5)°$		$(90 \pm 5)°$
• Spitzenradius	(2 ± 1) µm	(5 ± 2) µm	(10 ± 3) µm
• Statische Messkraft in Nulllage • (DIN EN ISO 3274: nominal 0,75 mN)	$\leq$0,7 mN	$\leq$4 mN	$\leq$16 mN
• Statische Messkraftänderung • (DIN EN ISO 3274: nominal 0 N/m)	$\leq$0,035 mN/µm	$\leq$0,2 mN/µm	$\leq$0,8 mN/µm
Gleitkufen			
• Abstand zur Tastspitze	vom Hersteller anzugeben		
• Radius in x-Richtung (längs)	0,3/1/3/10/30/unendlich		
• Radius in y-Richtung (quer)	vom Hersteller anzugeben		
• Oberflächenrauheit	$Rz \leq 0{,}1$ µm		
• Auflagekraft bei hartem Werkstück	$\leq$0,5 N		
• Auflagekraft bei weichem Werkstück	$\leq$0,25 N		
Linearität des Tastsystems	$\leq \pm 1$ %		

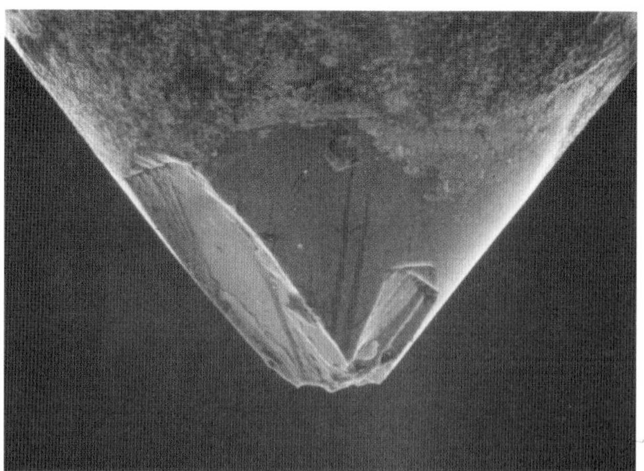

Abb. 57 – Elektronenmikroskopische Aufnahme einer defekten Tastspitze

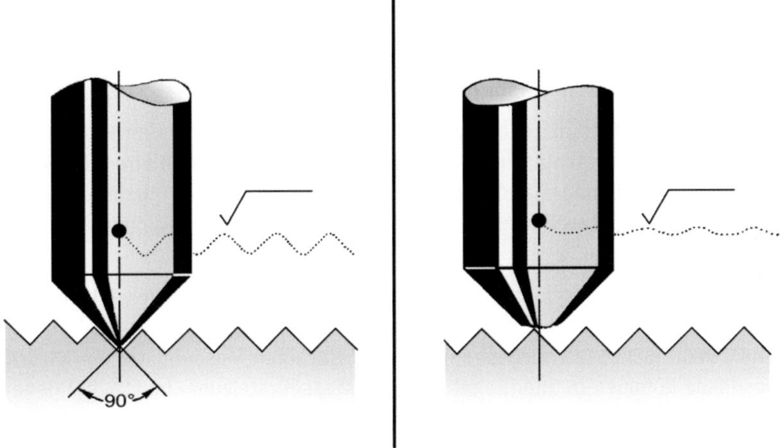

Abb. 58 – Auswirkung einer beschädigten Tastspitze auf das Profil

Eine Präzisionstastspitze kann nie das wirkliche Profil der Oberfläche wiedergeben, selbst wenn ein sehr kleiner Spitzenradius gewählt wird. Deswegen ist in der Basisnorm zu Oberflächenmessgeräten, der DIN EN ISO 3274:1998-04, definiert worden, dass unter der „richtigen" Oberfläche das mit der vorgeschriebenen Tastspitze abgetastete Profil verstanden werden soll. Der Einfluss der Tastspitze ist also mit enthalten. Diese Definition hat den Vorteil, dass Messungen auf verschiedenen Geräten besser vergleichbar werden.

4.2.2.2 Ausblick ISO 21920 – *Tastspitze*

In der geplanten Norm ISO 21920 ist es vorgesehen, den Einfluss der Tastspitze bei Rauheitsmessungen teilweise zu kompensieren.

Nach wie vor wird dabei zur Abtastung der Werkstückoberfläche eine Tastspitze mit endlichem Radius, z. B. 2 µm, verwendet. Mit Hilfe einer mathematischen morphologischen Transformation wird der Einfluss der Tastspitze aus dem aufgenommenen Profil teilweise wieder herausgerechnet.

Das funktioniert für konvexe, d. h. aus dem Werkstück herausragende Erhebungen perfekt – eine Kante wird wieder vollkommen scharf abgebildet. Alle anderen Werkstückabschnitte mit Krümmungsradien größer als die der verwendeten Tastspitze werden nach der Transformation ebenfalls richtig dargestellt.

Nur enge konkave Einschnitte auf der Werkstückoberfläche, z.B. tiefe Rillen, werden nach dieser Transformation nicht völlig realitätstreu dargestellt. Stattdessen weisen sie an der tiefsten Stelle eine Verrundung auf, die dem Radius der verwendeten Tastspitze entspricht.

Der Einfluss der Tastspitzenkompensation ist aber für die meisten technischen Oberflächen zu vernachlässigen. Insbesondere gilt das für den überwiegenden Teil der Oberflächennormale. Diese Normale wurden bei ihrer Auslegung nämlich extra so gestaltet, dass sich unterschiedliche Tastspitzenradien nicht auswirken sollen.

Die Kompensation des Tastspitzenradius ist für eine bessere Vergleichbarkeit der Rauheitskennwerte mit denen aus der flächigen Messung nach der Normenreihe DIN EN ISO 25178 vorgesehen. Bei der flächigen Messung der Werkstückoberfläche kommen in aller Regel optische Messgeräte zum Einsatz, bei denen ein geometrischer Abtastradius nicht definiert ist.

Allerdings werden Rauheitsmessgeräte zunehmend auch für die Messung der Oberflächenkontur verwendet. Bei der Messung und Auswertung von Konturmerkmalen ist es für viele Merkmale unabdingbar, den Radius der Tastspitze zu kompensieren. Der Radius z.B. eines konvexen oder konkaven Konturelements wäre sonst um den Radius der Tastspitze zu groß oder zu klein.

4.2.2.3 Wandler

Folgende Wandlertypen stehen zur Verfügung:

- induktive Wandler
- inkrementelle Wandler.

Früher waren auch noch piezoelektronische und dynamische Wandler üblich.

Seit den 1990er-Jahren gibt es Kombinationstaster für Kontur und Rauheit. Diese haben einen sehr viel größeren Messbereich (mehrere mm) als normale Rauheitstaster. Mit diesen Tastern kann je nach Wahl der Tastspitze die Kontur oder die Rauheit gemessen werden.

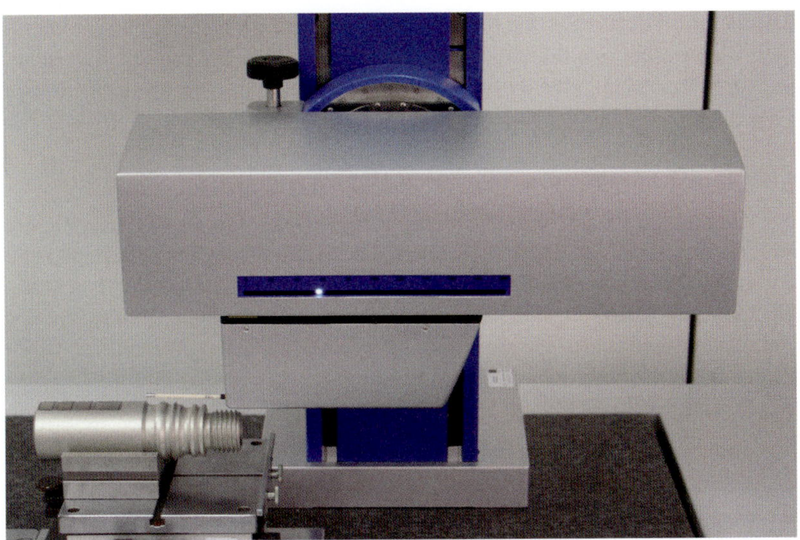

Abb. 59 – Kombiniertes Konturen- und Rauheitsmessgerät

Ebenso ist es möglich, die Rauheit auf Kugeloberflächen oder stark geneigten Profilabschnitten auszuwerten.

Die Auswertung der Rauheit auf stark geneigten Profilabschnitten, d.h. mit mehr als etwa 5°, erfordert besondere Aufmerksamkeit. Es ist sicherzustellen, dass die Rauheit immer senkrecht zur nominalen Werkstückoberfläche gemessen wird.

Der Wandler setzt die Auslenkung des Tasters in ein digitales Signal um. Aus den Einzelwerten bildet der Computer einen vollständigen Datensatz, der die Grundlage für alle weiteren Auswertungen darstellt. Der waagerechte Abstand der Ordinaten ergibt sich aus ihrer Anzahl und der Messlänge. Werden von einem Profil von 4,8 mm Taststrecke 9.600 Ordinatenwerte erfasst, so ergibt sich daraus ein Messpunktabstand von 0,5 µm. Die Profilhöhe wird also im Horizontal-Abstand von 0,5 µm ausgewertet.

Die Auflösung in senkrechter Richtung (kleinster Anzeigewert) hängt vom Messbereich und vom Wandler ab. Ein Wandler mit 16 Bit teilt den senkrechten Messbereich maximal in 65.536 Einzelschritte auf. So beträgt beispielsweise die Auflösung bei einem Messbereich von 100 µm:

$$\Delta z = \frac{100\,\mu\text{m}}{2^{16}} = 1{,}5\,\text{nm}$$

Daraus ergibt sich, dass die Auflösung umso größer ist, je kleiner der Messbereich gewählt wird. Dies bedeutet, dass bei Geräten mit variablem Messbereich der kleinstmögliche Bereich gewählt werden sollte, um die Auflösung zu steigern und die Messunsicherheit klein zu halten.

4.2.2.4 Induktive Wandler

Der Wandler mit induktiver Halbbrücke setzt jede Position der Tastspitze in ein elektrisches Signal um. Er ist in der Lage, die absolute Position der Tastspitze zu erfassen, und eignet sich deshalb besonders gut für die Verwendung in Oberflächenmessgeräten. Er wird nicht nur in hochgenauen Geräten, sondern auch in einfacheren Geräten für die Werkstatt bevorzugt verwendet. Die meisten Oberflächentaster arbeiten mit induktiven Wandlern.

Folgende Eigenschaften kennzeichnen den induktiven Wandler:

- Hohe Linearität in allen Bereichen, daher für grobe und feine Oberflächen gleichermaßen geeignet.
- Unempfindlichkeit gegen Umgebungsbedingungen, wie Temperatur und Feuchtigkeit, daher auch im Werkstattbetrieb unbedenklich einsetzbar.
- Kleine Baugröße. Die Spulen können so miniaturisiert werden, dass die Taster sehr klein gebaut werden können.
- Hohe Auflösung, so dass noch Auslenkungen von 0,001 µm erfasst werden können.

4.2.2.5 Inkrementelle Wandler

Typisch für diese Wandler ist ein periodisches Ausgangssignal. Meist kommt es durch optisches Abtasten eines Strichmaßstabes zustande, welcher am Tastarm befestigt ist. Immer wenn sich der Maßstab um einen Teilstrich gegenüber der Abtasteinheit weiterbewegt, wiederholt sich das Ausgangssignal. Mit Hilfe eines etwas versetzt angeordneten zweiten Lesekanals kann unterschieden werden, ob sich der Maßstab vor oder zurück bewegt hat.

Die Tasterauslenkung erhält man durch Zählen der vorbeilaufenden Streifen. Eine Interpolation ermöglicht sogar Auflösungen, die höher sind als der Streifenabstand. Es muss sichergestellt sein, dass sich der Tastarm nicht zu schnell bewegt – etwa durch hartes Aufsetzen auf die Werkstückoberfläche –, da es sonst zu Zählfehlern kommen kann.

Inkrementelle Wandler werden vor allem bei kombinierten Kontur-/Rauheitstastern eingesetzt. Sie haben über den ganzen Messbereich die gleiche Empfindlichkeit. Die Kalibrierung solcher, auch digitale Taster genannten, Geräte ist erfahrungsgemäß über die Zeit sehr stabil.

4.2.2.6 Alternative Wandler

Piezoelektrische Wandler sind im Aufbau sehr einfach. Der Messeffekt beruht auf der Verbiegung eines dünnen piezokeramischen Streifens, an dem die Tastspitze befestigt ist. Diese Taster benötigen nur eine einfache analoge Elektronik, weshalb sie vorwiegend in billigen Handgeräten verwendet worden sind.

Piezoelektrische Taster weisen eine geringere Genauigkeit als induktive Taster auf. Sie müssen in regelmäßigen Abständen neu kalibriert werden, da sie empfindlicher auf Veränderungen der Umgebung reagieren. Ihr Frequenz- und Amplitudengang ist nicht linear, so dass sie für feine Oberflächen anders kalibriert werden müssen als für raue Flächen. Es muss also in jedem Messbereich neu kalibriert werden. Bedingt durch die Eigenschaften des Wandlers ist ihre Auflagekraft erheblich höher als bei induktiven Tastern. Damit wächst die Gefahr, Oberflächen beim Messen zu beschädigen.

Piezoelektrische Wandler sind mittlerweile fast völlig durch induktive Wandler abgelöst worden.

Dynamische Wandler arbeiten nach dem Prinzip eines Wechselstromgenerators. Der dynamische Wandler misst keine Wege, sondern Geschwindigkeiten, die integriert werden, um daraus die absolute Position der Spitze zu ermitteln. Die Integrationsfehler bei der Geschwindigkeitsmessung nehmen mit abnehmender Signalfrequenz zu. Daher ist der dynamische Wandler, wie auch der piezoelektrische Wandler, für niederfrequente Merkmale, wie Form und Welligkeit, nicht geeignet.

Ein dynamischer Wandler ist nicht linear. Deshalb muss häufig neu kalibriert werden, da feine und raue Oberflächen nicht mit derselben Einstellung gemessen werden können. Geräte mit dynamischen Wandlern sollten nur zum Vergleich von Kalibriernormalen mit gefertigten Oberflächen eingesetzt werden.

Ähnlich wie piezoelektrische Wandler können dynamische Wandler keine statische Auslenkung der Tastspitze bzw. Welligkeit messen. Dies schränkt die Verwendung der Taster erheblich ein, da nicht abgelesen werden kann, wo sich die Tastspitze im zulässigen Auslenkungsbereich befindet.

Dynamische Wandler sind mittlerweile ebenfalls fast völlig von induktiven Wandlern abgelöst worden.

4.2.2.7 Gleitkufe

Bei den Oberflächentastern unterscheidet man zwischen zwei Bauformen:

- Gleitkufentaster
- Bezugsebenentaster.

Gleitkufentaster haben eine Gleitkufe, je nach Anwendungsgebiet mit großem oder kleinem Radius. Es gibt auch Ausführungen mit zwei Gleitkufen, den sogenannten Zweikufentaster. Der Taster liegt mit der Gleitkufe auf der zu messenden Oberfläche auf und erfasst mit der Tastspitze das Oberflächenprofil relativ zur Bahn der Gleitkufe. Diese folgt während der Messung den makroskopischen Unregelmäßigkeiten der Oberfläche, also der Welligkeit und der Form. Die Tastspitze erfasst mit ihrem kleinen Spitzenradius die Oberflächenrauheit und ertastet Riefen, die von der Gleitkufe mit ihrem weit größeren Radius überbrückt werden. Die Gleitkufe wirkt dabei als Hochpassfilter und lässt die makroskopische Form des Profils unberücksichtigt.

Die Funktion der Gleitkufe kann man mit der Messung eines Straßenprofils aus einem fahrenden Auto vergleichen. Unterschiede im Profil der Straße von wenigen Millimetern können auch dann gegen das Auto gemessen werden, wenn die Straße über Hügel und Berge führt. Das Auto wirkt wie eine Gleitkufe für die Messung der Straßenoberfläche und liefert den Bezug für die Profilmessung, die von Bergen und Hügeln unbeeinflusst bleibt.

Gleitkufentaster werden eingesetzt, wenn exakte Angaben über Form und Welligkeit nicht verlangt werden. Ihr großer Vorteil besteht darin, dass fast keine Ausrichtung notwendig ist und eine Messung schnell und unproblematisch durchgeprüft werden kann. Außerdem sind Gleitkufentaster fast unempfindlich gegen Schwingungen, da der Auflagepunkt der Kufe direkt neben der Tastspitze liegt und somit der Messkreis sehr klein ist. Dies begünstigt ihren Einsatz in der Fertigung auch unter werkstattüblichen Bedingungen.

Bezugsebenentaster werden parallel zu einer Bezugsebene geführt, die sich meistens im Vorschubapparat befindet. Die Messung mit Bezugsebenentaster stellt im Vergleich zum Gleitkufentaster eine genauere und umfassendere Messung dar, bei der außer der Oberflächenrauheit auch die Form und die Welligkeit des Werkstückes erfasst werden. In Schiedsfällen ist eine Messung mit Bezugsebenentaster vorgeschrieben.

Analogie zur Messung einer Straßenoberfläche: Die Verwendung eines Bezugsebenentasters entspricht der Messung eines Straßenprofils von einem Flugzeug aus, das genau horizontal fliegt. Hier werden sowohl Hügel und Berge als auch Feinstrukturen gegenüber der exakten Flughöhe erfasst. Gleitkufen- und Bezugsebenentaster sind in Abb. 60 dargestellt.

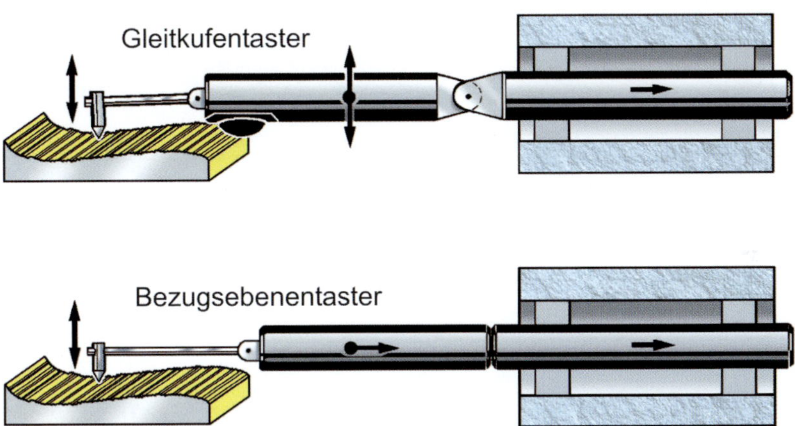

Abb. 60 – Vergleich von Gleitkufen- und Bezugsebenentaster

Da Gleitkufentaster die Welligkeit nur unvollständig erfassen und die Form ganz außer Acht lassen, werden Bezugsebenentaster verwendet, wenn Welligkeit und Form ausgewertet werden sollen. Ein weiteres Einsatzgebiet für Bezugsebenentaster sind Oberflächen mit Riefenabständen von mehreren Millimetern (messerkopfgefräste Flächen), da hier keine Überdeckung der Riefen durch eine Gleitkufe gewährleistet werden kann. Gleitkufentaster verzerren das Oberflächenprofil besonders dann, wenn der Riefenabstand mit dem Abstand von Spitze zu Gleitkufe identisch ist. Bezugsebenentaster hingegen liefern eine unverzerrte Darstellung des Oberflächenprofils.

Wenn die zu messende Oberfläche tiefe Riefen oder vereinzelte hohe Spitzen aufweist, machen sich die Fehler von Gleitkufentastern deutlich bemerkbar. Das Beispiel in Abb. 61 zeigt eine Oberfläche mit einer hohen Spitze am rechten Rand.

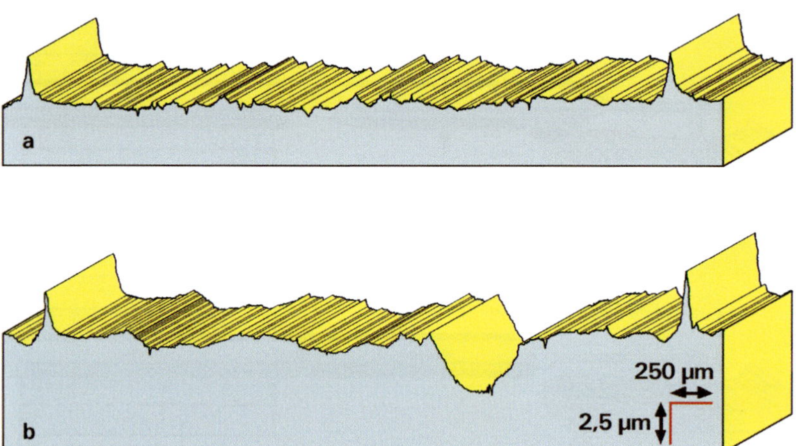

Abb. 61 – Vergleich der Tastschnitte von unterschiedlichen Tastsystemen
a) Bezugsebenentaster = Referenz
b) Einkufentastsystem

Das Bezugsebenentastsystem zeichnet den Oberflächenverlauf weitgehend unverfälscht auf und dient als Vergleichsbasis für die Messungen.

Der Einkufentaster hat die Gleitkufe rechts neben der Abtastspitze. Die Messrichtung ist von links nach rechts. Die Gleitkufe erreicht die Spitze in der Oberfläche vor der abtastenden Diamantspitze. Der gesamte Taster wird angehoben, wobei die Diamanttastspitze weiter nach unten aus dem Tastergehäuse herausragt. Dies wird so aufgezeichnet, als wenn die Tastspitze scheinbar in eine Vertiefung der Oberfläche gefallen wäre.

Wenn die Gleitkufe nicht mehr auf der aus der Oberfläche herausragenden Spitze aufliegt, erreicht die Tastspitze wieder ihr altes Niveau. Die fälschlicherweise als Vertiefung der Oberfläche aufgenommene Struktur stellt mehr oder weniger das auf dem Kopf stehende Abbild der Gleitkufe dar.

Gleitkufentaster können auch bei regelmäßigen Oberflächen ohne besonders frei stehende Riefen oder Rillen verfälschte Werte liefern. Das ist wie in Abb. 62 dann der Fall, wenn der Abstand zwischen Tastspitze und Gleitkufe in einem bestimmten Verhältnis zu den in der Oberfläche vorkommenden Wellenlängen steht.

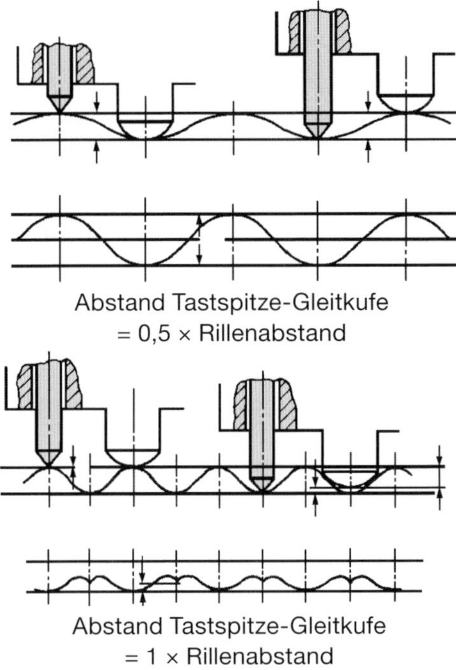

Abb. 62 – Profilverfälschungen bei Gleitkufentastern an periodischen Oberflächenprofilen

Beträgt der Abstand zwischen Tastspitze und Gleitkufe eine halbe Wellenlänge, bewegen sich Tastspitze und Gleitkufe gegensinnig – es wird eine doppelt so hohe Amplitude als tatsächlich vorhanden aufgezeichnet.

Beträgt der Abstand eine volle Wellenlänge oder ein Vielfaches davon, bewegen sich Tastspitze und Gleitkufe gleichsinnig auf und ab. Es erfolgt keine Auslenkung und die Oberfläche erscheint bei dieser Wellenlänge völlig glatt.

In der Praxis kommen diese beiden Extremfälle selten vor, da die ausgeprägten Wellenlängen in der Werkstückoberfläche selten mit dem Abstand der Tastspitze zur Gleitkufe genau übereinstimmen. Im Zweifelsfall muss mit dem Bezugsebenentaster gemessen werden.

Die große Vielfalt der verschiedenen Messaufgaben hat zur Entwicklung einer breiten Palette von Tasterformen geführt. Einige Beispiele sind in Abb. 63 dargestellt.

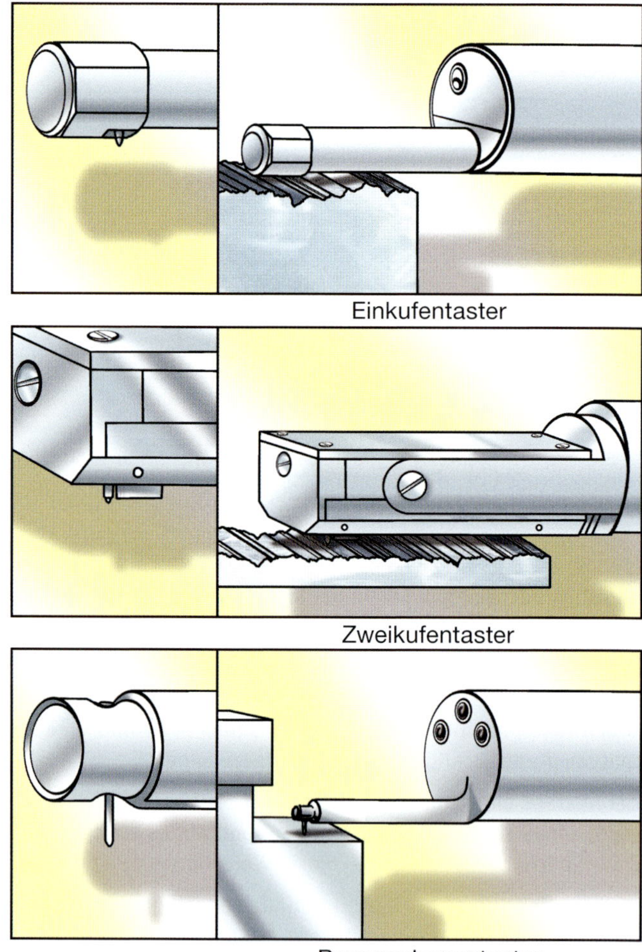

Abb. 63 – Beispiele für verschiedene Formen von Gleitkufen- und Bezugsebenentastern

Taster mit Gleitkufe werden vorwiegend für Messungen in Bohrungen, auf Wellen oder an gekrümmten Flächen eingesetzt. Beispiele dafür sind Kugellagerlaufbahnen, Zähne von Zahnrädern in Evolventenrichtung, sphärische Flächen und Blechoberflächen.

Bezugsebenentaster werden überall dort verwendet, wo Profilform und Welligkeit exakt bestimmt werden müssen. Dazu gehört auch die Registrierung der Höhe von elektrischen Leiterbahnen auf gedruckten Schaltungen.

Weitere Einsatzgebiete sind:

- Messung sehr kleiner Bohrungen ab ∅1 mm
- Messung schmaler Einstiche ab 1,5 mm Breite
- Messung von Oberflächen mit großen Riefenabständen
- Messung der Ebenheit von Flächen
- Erfassung der Krümmung von leicht konkaven oder konvexen Flächen.

4.2.3 Vorschubapparat

Der Vorschubapparat hat die Aufgabe, den Taster kontinuierlich und geradlinig über die Oberfläche zu führen. In Sonderfällen kann auch das Werkstück unter dem feststehenden Taster vorbeibewegt werden, wie dies bei einem Rotationsvorschubapparat der Fall ist. Das Werkstück wird dabei unter dem Taster gedreht, um die Rauheit in Umfangsrichtung zu erfassen, wobei Messungen bis zu 360° möglich sind.

Man kann drei Grundtypen von Vorschubapparaten unterscheiden:

- Vorschubapparat mit eingebauter Bezugsebene
- Vorschubapparat ohne Bezugsebene
- Rotationsvorschubapparat.

4.2.3.1 Lineare Vorschubapparate mit eingebauter Bezugsebene

Für den größten Teil der Messaufgaben werden lineare Vorschubapparate mit oder ohne Bezugsebenen eingesetzt. Die Ausführung mit eingebauter Bezugsebene gestattet den Einsatz von Gleitkufen- und Bezugsebenentastern gleichermaßen. Gleitkufentaster werden über ein Pendelgelenk über die Oberfläche geführt. Bezugsebenentaster werden über eine starre Verbindung entlang der Bezugsebene bewegt und gestatten so die Erfassung von Form, Welligkeit und Rauheit. Die Genauigkeit der Formmessung hängt in erster Linie von der Genauigkeit der Bezugsebene ab. Ein Vorschubapparat mit eingebauter Bezugsebene ist in Abb. 64 dargestellt.

Abb. 64 – Messplatz mit Bezugsebenenvorschub

4.2.3.2 Lineare Vorschubapparate ohne Bezugsebene

Vorschubapparate ohne Bezugsebene gestatten ausschließlich den Einsatz von Gleitkufentastern. Sie sind erheblich einfacher in ihrem Aufbau und können deshalb auch wesentlich kleiner und kostengünstiger gefertigt werden. Sie sind verhältnismäßig unempfindlich und werden vorwiegend zusammen mit einfachen Handgeräten eingesetzt. Ein solcher Vorschubapparat ist in Abb. 65 dargestellt.

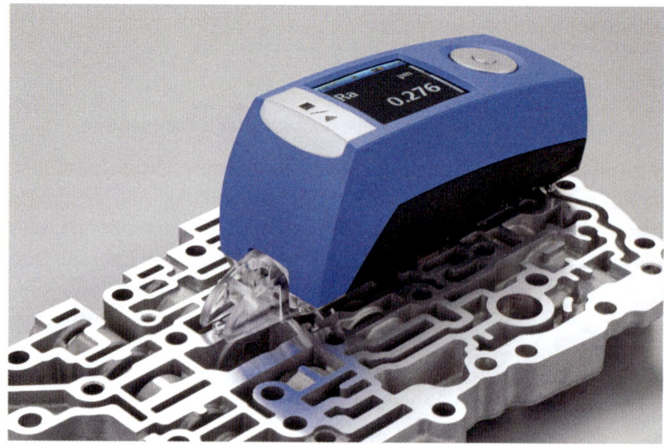

Abb. 65 – Kleinvorschubapparat ohne Bezugsebene

4.2.3.3 Rotationsvorschubapparate

Beim Rotationsvorschubapparat wird das Werkstück im Vorschubapparat aufgenommen und unter dem feststehenden Taster gedreht. Für die Messung wird meistens ein Gleitkufentaster verwendet, der mit seiner Kufe auf dem Werkstück aufliegt und so einen eventuellen Rundlauffehler des Werkstücks eliminiert. Diese Vorschubapparate sind für Rundheitsmessungen weniger geeignet, da der Rundlauffehler der Spindel relativ groß sein kann. Am Rotationsvorschubapparat wird der Durchmesser des Werkstücks eingestellt. Das Gerät erkennt daraus die richtige Drehgeschwindigkeit, da bei kleinen und großen Werkstücken immer die Umfangsgeschwindigkeit gewährleistet sein muss, die auch bei Linearabtastungen verwendet wird. Aus der eingestellten Taststrecke *lt* erkennt der Rotationsvorschubapparat die Länge des Kreisbogens, die abgetastet werden soll. Auf diese Art ist es möglich, Oberflächenmessungen an runden Teilen durchzuführen, deren Riefen in Achsrichtung verlaufen, z. B. an gezogenen Rohren oder in geräumten Bohrungen.

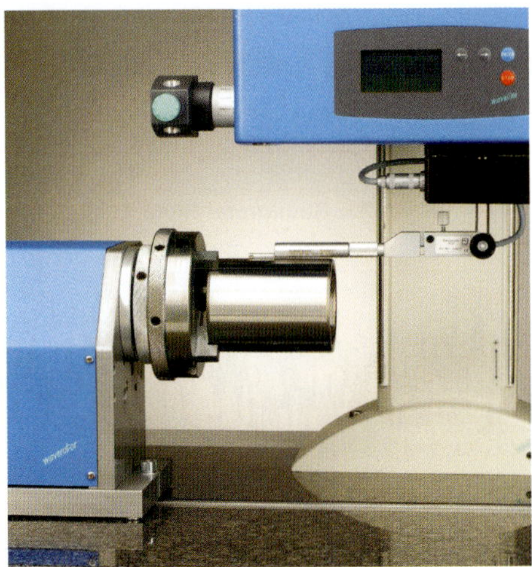

Abb. 66 – Rotationsvorschubapparat

4.2.4 Computer

Die Aufgabe des Computers umfasst nicht nur die Durchführung der verschiedenen Rechenoperationen, die Speicherung von Daten und deren Ausgabe, sondern auch die gesamte Gerätesteuerung. Bei Veränderungen der Normen oder Entwicklung neuer Rauheitskenngrößen können die Geräte durch aktualisierte Software immer auf dem neuesten Stand gehalten werden.

4.2.5 Anzeige

Die Anzeige umfasst die Bedienerführung, die durch Fehlerhinweise unterstützt wird, und die Ausgabe der Messwerte einschließlich aller eingestellten Messbedingungen.

4.2.6 Dokumentation

Die grafische Darstellung eines Profils liefert eine unentbehrliche Information zu den gemessenen Werten. Früher wurden für die Profilregistrierung Analogschreiber eingesetzt, wobei die verwendete Vergrößerung als unabdingbare Information von Hand eingetragen werden musste. In modernen Geräten übernehmen Drucker diese Funktion, die in einem Zug grafische und numerische Informationen liefern.

Das Profildiagramm in Abb. 67 ist komplett mit allen Angaben beschriftet.

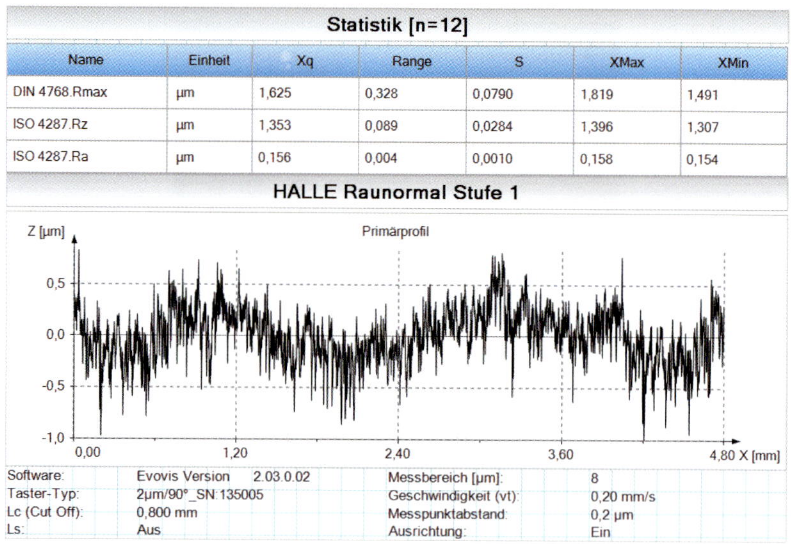

Statistik [n=12]

Name	Einheit	Xq	Range	S	XMax	XMin
DIN 4768.Rmax	µm	1,625	0,328	0,0790	1,819	1,491
ISO 4287.Rz	µm	1,353	0,089	0,0284	1,396	1,307
ISO 4287.Ra	µm	0,156	0,004	0,0010	0,158	0,154

HALLE Raunormal Stufe 1

Software:	Evovis Version 2.03.0.02	Messbereich [µm]:	8
Taster-Typ:	2µm/90°_SN:135005	Geschwindigkeit (vt):	0,20 mm/s
Lc (Cut Off):	0,800 mm	Messpunktabstand:	0,2 µm
Ls:	Aus	Ausrichtung:	Ein

Abb. 67 – Protokoll einer typischen Rauheitsmessung

Bei der Betrachtung und Auswertung von Profildiagrammen ist zu beachten, dass deren Vertikalmaßstab meistens weitaus größer ist als ihr Horizontalmaßstab. Die Profile werden also durchweg überhöht dargestellt (Abb. 68). Vielfach sind die Spitzen und Täler 1.000-fach vergrößert, während die Vergrößerung in waagerechter Richtung nur das 40-Fache beträgt. Dadurch entsteht eine Profilverzerrung, die das Profil spitz erscheinen lässt. Würde man das Profil mit gleichem Horizontal- und Vertikalmaßstab aufzeichnen, so wäre das Diagramm mehrere Meter lang und könnte nicht mehr ausgewertet werden. Viele Spitzen würden nicht mehr als solche erkannt, da sie nicht mehr scharf abgebildet werden. In Wirklichkeit sind die meisten technischen Oberflächen bei einer 1:1-Darstellung glatt.

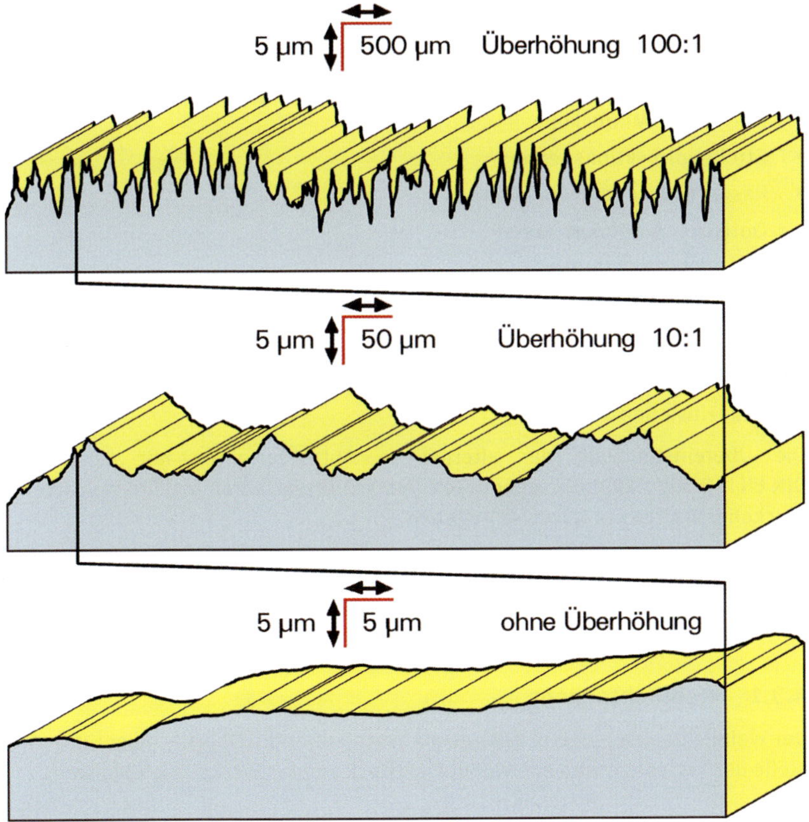

Abb. 68 – Darstellung eines Profilausschnittes mit üblichen Überhöhungen sowie im Maßstab 1:1

4.3 Berührungslose Messung

Berührungslose Taster werden eingesetzt, wenn der direkte Kontakt der Oberfläche mit einer Tastspitze vermieden werden soll. Speicherplatten für Computer, Halbleitersubstrate und weiche Werkstoffe wie Gold, Kupfer oder Aluminium sind Beispiele für Oberflächen, die von einer Tastspitze beschädigt werden können.

Ebenso problematisch ist die Messung weicher Oberflächen wie Gummi, Silikon, Papier und Textilien, an denen eine Tastnadel leicht hängen bleibt oder bei denen die feinen Oberflächenstrukturen flach gedrückt werden. Hier können ebenfalls berührungslose Taster vorteilhaft eingesetzt werden.

Es gibt unterschiedliche Methoden zur berührungslosen Rauheitsmessung. Einige davon sind

- Weißlichtsensoren (konfokal)
- Interferenz-Mikroskope
- Streifenprojektionsgeräte
- Raster-Elektronenmikroskope
- Optischer Autofokus-Taster
- Streulichtmessgeräte
- Speckle-Korrelations-Sensoren
- Lokale Winkelverteilung-Messgeräte
- Wirbelstromsensoren
- Kapazitive Sensoren.

Die Übereinstimmung der alternativen Abtastverfahren mit dem nach DIN EN ISO 3274:1998-04 genormten Tastschnittverfahren ist für viele Werkstückoberflächen nur teilweise gegeben.

Zu den problematischen Oberflächen gehören die extrem schwarzen oder die glänzenden Flächen sowie stark geneigte Flächen oder halbtransparente Oberflächenschichten.

4.3.1 Weißlichtsensor

Der Weißlichtsensor wird in geringem Abstand über die Oberfläche geführt. Anstelle der Tastspitze wird ein weißer Lichtfleck auf das Werkstück fokussiert.

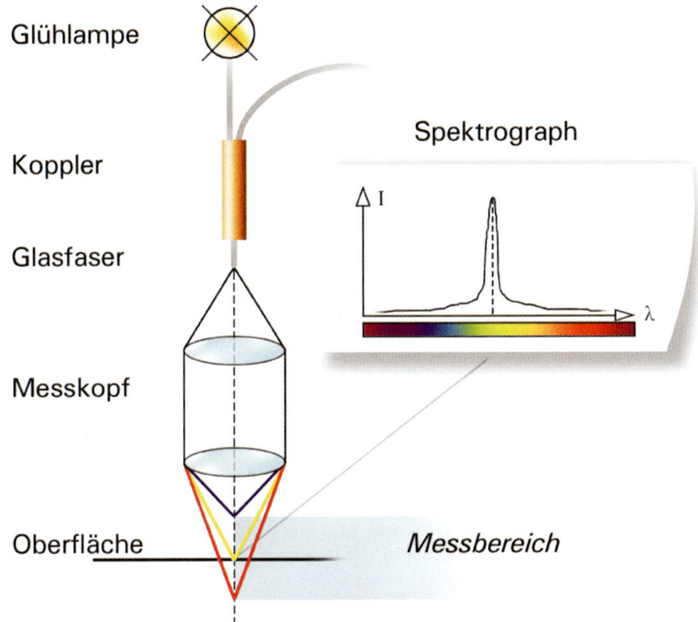

Abb. 69 – Prinzip des Weißlichtsensors

Dazu wird ein Objektiv verwendet, welches den blauen Farbanteil stärker bündelt als den roten. Der Fokus des blauen Lichtes liegt deshalb näher zur Linse als der Fokus des roten Lichtes. Der vertikale Abstand des roten zum blauen Brennpunkt bestimmt den Messbereich des Gerätes. Das von der Oberfläche zurückgeworfene Licht wird vom Objektiv wieder eingefangen und auf eine sehr enge Blende im Innern des Gerätes abgebildet.

Nur wenn das Licht genau auf die Blende fokussiert ist, kann ein nennenswerter Anteil dieses Hindernis passieren. Das restliche Licht wird an der Blende gestoppt. Je nach Abstand der Oberfläche zum Objektiv ist es für eine andere Farbe möglich, die Blende zu passieren. Welcher Lichtanteil durchkommt, wird mit einem Spektrometer bestimmt. Das Spektrometer ist eine Farbmesseinheit, welche die Lichtintensität für jede Farbe getrennt bestimmt.

Das gemessene Spektrum besteht aus einer Kurve mit einem ausgeprägten Maximum. Die Lage dieses Maximums kann sicher ermittelt werden – unabhängig von seiner Höhe. Mit der bekannten Farbeigenschaft des Objektivs kann daraus bestimmt werden, welchen Abstand das zurückgeworfene Licht vom Objektiv hat.

Vom Funktionsprinzip abgeleitet, gibt es unterschiedliche Bezeichnungen für diesen Sensortyp: Chromatic Confocal Sensor (CCS) oder auch Chromatic Length Abberation (CLA).

Da der Sensor keine beweglichen Teile hat, ist er robust und ermöglicht relativ hohe Messgeschwindigkeiten. Von der Oberfläche muss lediglich eine Mindestmenge an Licht zurückgeworfen werden. Die Messgeschwindigkeit kann umso höher sein, je besser die Oberfläche das Licht streut und wenn die Oberflächenneigung nicht zu hoch ist.

4.3.1.1 Sonstige konfokale Sensoren

Der Weißlichtsensor zählt zu den konfokalen Sensoren. Diesen Sensoren ist gemeinsam, dass das Licht im Innern des Gerätes eine enge Blende passieren muss. Bei den übrigen nach diesem Prinzip arbeitenden Systemen erfolgt die Abstandsmessung jedoch nicht durch die Farbcodierung, sondern durch eine Relativbewegung des Werkstücks, des Objektivs oder der internen Blende zueinander.

Alle konfokalen Sensoren sind für die Messung der Oberflächenrauheit etwa gleich geeignet.

4.3.2 Alternative Verfahren

Gerade bei den berührungslosen Messverfahren für die Oberflächenrauheit gibt es eine Vielfalt unterschiedlicher Geräte. Viele Verfahren lassen sich zwar gut zur Aufdeckung von Unregelmäßigkeiten innerhalb einer Reihe von gleichmäßig produzierten Werkstücken einsetzen, die Messergebnisse der meisten Verfahren sind jedoch nicht mit den genormten Werten der mechanischen Tastschnittgeräte vergleichbar.

Auf Verunreinigungen der Oberfläche reagieren diese Verfahren oft unvorhersehbar und mit großen Abweichungen. Rückstände von Öl oder Wasser sowie Staub können leicht Fehler in der Größenordnung der eigentlich zu messenden Oberflächenkenngröße hervorrufen, siehe auch Abschnitt 3.11 auf Seite 60.

Manche der alternativen Geräte erfordern einen hohen apparativen Aufwand und sind daher teilweise sehr teuer. Andererseits bedingt die Baugröße einiger dieser Geräte, dass nur gut zugängliche Stellen der Werkstücke messbar sind. Oft muss in der Praxis aber gerade an schlecht zugänglichen Stellen wie etwa in Bohrungen gemessen werden.

Wegen der teilweise großen Abweichungen zu berührenden Tastschnittgeräten und weil einige Geräte aufgrund ihrer Bauart nur über eine Fläche gemittelte Oberflächenkenngrößen messen können, sind diese Geräte mehr in der Prozesskontrolle im Einsatz. In diesen Anwendungen reicht es oft aus, wenn die angezeigten Kenngrößen eine Zu- oder Abnahme der Oberflächenrauheit der produzierten Werkstücke signalisieren.

4.3.2.1 Interferenz-Mikroskop

Vor allem zum Messen von Tiefeneinstellnormalen haben sich Interferenz-Mikroskope bewährt. Monochromatisches Licht wird dabei auf die Werkstückoberfläche gestrahlt. Das zurück in das Objektiv des Mikroskops reflektierte Licht wird mit einem Teil des Originallichtes überlagert. Bei passender Einstellung entsteht ein Muster von Interferenzlinien.

Abweichungen der Interferenzlinien vom geraden Verlauf können als Höhenunterschiede interpretiert werden. Das Auswerten der Interferenzlinien kann prinzipiell von Hand erfolgen. In kommerziellen Geräten wird die Auswertung standardmäßig durch Rechenprogramme erledigt.

An steilen Stellen auf der Werkstückoberfläche kann es vorkommen, dass zu wenig Licht für die Auswertung zurück in das Mikroskopobjektiv reflektiert wird. Außerdem kann sich das Auswertungsprogramm „verzählen", wenn der nicht erfassbare Höhenunterschied ein Vielfaches der halben Lichtwellenlänge beträgt. Dies entspricht in der Praxis Stufenhöhen von mehr als ca. 0,5 µm.

Je nach Ausführung des Gerätes können zudem sowohl sehr dunkle Abschnitte als auch sehr stark spiegelnde Stellen auf der Werkstückoberfläche zu Problemen bei der Datenerfassung führen.

Das Messfeld der Geräte ist bei einer hohen Auflösung klein, typischerweise nur wenige Millimeter. Mit Hilfe von zusätzlichen Verschiebeeinrichtungen können mehrere separat aufgenommene Gebiete der Oberfläche im Rechner zu einem zusammenhängenden Gebiet wieder zusammengesetzt werden.

Mit einem Messvorgang wird normalerweise ein zusammenhängendes Gebiet der Oberfläche gemessen. Verglichen mit mechanischen Tastschnittgeräten ist die Messdauer meistens kürzer. Die Anzahl der Messpunkte ist allerdings in der Regel fest vorgegeben und liegt im Bereich von bis zu etwa 1.000 × 1.000 Werten. Verglichen dazu erreichen moderne Tastschnittgeräte in Tastrichtung Messwertzahlen von ca. 10.000. Das kann in manchen Fällen für den Nachweis feiner Oberflächendetails entscheidend sein.

Die erforderlichen hochauflösenden Mikroskopobjektive haben typischerweise einen Arbeitsabstand von wenigen Millimetern oder sogar nur Zehntel-Millimetern. Deshalb sind im Wesentlichen nur flache Werkstücke messbar, oder es muss eine Probe aus dem Werkstück entnommen werden.

4.3.2.2 Streifenprojektion

Das Verfahren hat Ähnlichkeit mit den Interferenz-Mikroskopen. Die Streifen werden hier nicht durch kohärente Überlagerung der Lichtwellen erzeugt. Vielmehr wird mit einer Art Videoprojektor unmittelbar ein Streifenmuster auf die Oberfläche projiziert.

Das Verfahren kann aufgrund der flexiblen Projektionsmöglichkeiten und wegen des steuerbaren Kontrastes der Linien Vorteile gegenüber dem Interferenz-Mikroskop aufweisen. Generell gelten aber in etwa die gleichen Einschränkungen und Vorteile.

4.3.2.3 Raster-Elektronenmikroskop

Beim Messen von Oberflächenstrukturen mit dem Elektronenmikroskop wird ausgenutzt, dass ein intensiver fokussierter Elektronenstrahl auf der Oberfläche des Werkstückes eine Spur hinterlässt. Der Elektronenstrahl wird dabei entlang einer exakt geraden Linie in Richtung der späteren Messung über das Werkstück geführt.

Aus Richtung der Elektronenquelle erscheint die Linie als gerade. Wird das Werkstück um 45° zur Seite geschwenkt, zeichnet die Linie das Oberflächenprofil nach.

Das Verfahren ist sehr genau. Ein Grund dafür ist der kleine Durchmesser des fokussierten Elektronenstrahls im Bereich von deutlich weniger als 1 µm. Die Werkstücke müssen allerdings leitfähig sowie vakuumfest sein und in den beschränkten Probenraum eines Elektronenmikroskops passen.

Wegen der eingeschränkten Anwendbarkeit und der apparativen Kosten hat das Verfahren bisher in der Praxis keine größere Bedeutung erlangt.

4.3.2.4 Optischer Autofokus-Taster

Ein Laserstrahl wird auf die Werkstückoberfläche fokussiert und das Streulicht von demselben Objektiv wieder aufgefangen. Das Licht wird auf eine Anordnung von Lichtempfängern gelenkt. Die Lichtsensoren sind so geschaltet, dass sich ein maximales Signal ergibt, wenn der Lichtstrahl mit kleinstem Durchmesser auf der Oberfläche fokussiert ist.

Eine Regelschaltung bewegt das Objektiv immer so auf und ab, dass das Licht fokussiert bleibt. Die Anordnung wird über das Werkstück geführt und die Bewegungen des Objektivs werden aufgezeichnet. Der aufgezeichnete Signalverlauf entspricht in etwa der Oberfläche des Werkstückes.

Abweichungen zum wirklichen Oberflächenprofil gibt es unter anderem an scharfen Kanten. Ähnlich wie bei fast allen optischen Methoden sind steile, sehr dunkle oder extrem glänzende Oberflächen problematisch. Verborgene Messstellen sind nur eingeschränkt erreichbar.

Das Tastsystem ist am stärksten bei der Strukturkontrolle kleiner Bauteile verbreitet, z. B. in der Halbleiterindustrie.

4.3.2.5 Streulichtverfahren

Wird paralleles Laserlicht auf eine raue Oberfläche gestrahlt, wird es als geringfügig aufgeweitetes Lichtbündel zurückreflektiert. Je kurzwelliger die Rauheit ist, desto größer wird der Öffnungswinkel.

Der Öffnungswinkel des zurückreflektierten Lichtes wird gemessen und daraus anhand eines physikalisch-statistischen Modells eine Oberflächenkenngröße wie *Rq* berechnet. Wegen der Ausdehnung des Lichtbündels ergibt sich immer ein Mittelwert über die beleuchtete Fläche. Lokale Spitzen oder Riefen der Oberfläche können nicht erfasst werden.

In der Praxis sind die Voraussetzungen des physikalisch-statistischen Modells zur Berechnung der Oberflächenkenngröße nur selten gegeben. Kleinste Verunreinigungen oder aber periodische, wie optische Beugungsgitter wirkende Oberflächenstrukturen rufen große Abweichungen hervor.

Das Verfahren hat eine gewisse Anwendung zur Fertigungskontrolle fein geschliffener Teile erlangt. Die ermittelten Kenngrößen können als Signal für Änderungen im Produktionsprozess gewertet werden. Die Werte sind nur sehr eingeschränkt für den Vergleich mit den genormten Kenngrößen der mechanischen Tastschnittgeräte geeignet.

4.3.2.6 Speckle-Korrelation

Im Unterschied zum Streulichtverfahren wird bei der Speckle-Korrelation nicht der Öffnungswinkel des reflektierten Lichtes verwendet. Der mit einem Laser beleuchtete Messfleck wird vielmehr mit einer elektronischen Kamera aufgenommen. Die Interferenz des Lichtes an den Strukturen der Oberflächenrauheit führt dazu, dass dem normalen Bild helle Lichtpunkte überlagert sind.

Die Verteilung der „Speckle" genannten Lichtpunkte hängt nach einem komplizierten Muster von der Oberflächenrauheit ab. Ähnlich wie beim Streulicht-, Wirbelstrom- oder beim kapazitiven Verfahren können nur flächenhafte Kenngrößen wie *Rq* berechnet werden. Lokale Kenngrößen wie das wichtige *Rz* sind prinzipiell nicht zugänglich.

Ein Vorteil besteht in dem möglichen großen Arbeitsabstand. Anwendungen finden sich deshalb zur Überwachung der Produktion von Blechen.

4.3.2.7 Lokale Winkelverteilung

Ähnlich wie beim Autofokusverfahren wird ein Laserstrahl auf die Werkstückoberfläche fokussiert, meistens unter einem schrägen Winkel. Der Winkel des reflektierten Lichts wird durch eine Sensoranordnung gemessen. Im Auftreffpunkt des Lichtstrahls ist die Oberfläche mit einer Spiegelfacette vergleichbar, die unter einem bestimmten Neigungswinkel steht.

Für jeden Punkt entlang einer abgetasteten Spur auf der Oberfläche werden zunächst die jeweiligen Reflexionswinkel und daraus die lokale Neigung der Oberfläche bestimmt. Durch Integration über den Messweg ergibt sich der Profilverlauf.

Prinzipiell können alle Oberflächenkenngrößen bestimmt werden, ähnlich wie beim Autofokusverfahren. Es sind ähnliche Einschränkungen bei der Genauigkeit zu beachten.

Hauptanwendungsgebiet dieser Technik ist die Kontrolle bei laufender Blechproduktion, bei der sich der relativ große Arbeitsabstand und die hohe Messgeschwindigkeit positiv bemerkbar machen.

4.3.2.8 Wirbelstromverfahren

Die Leitfähigkeit einer Oberfläche für parallel zur Oberfläche fließende Wechselströme hängt unter anderem auch von der Rauheit ab. Diese Ströme lassen sich z.B. mit Hilfe von wechselstromdurchflossenen Spulen an der Oberfläche des Werkstückes hervorrufen. Die im Werkstück induzierten Ströme wirken auf die Erregerspule zurück und lassen sich dort nachweisen.

Der Zusammenhang des so aufgezeichneten Signals mit der Oberflächenrauheit ist sehr indirekt. Nur unter besonderen Annahmen kann auf genormte Oberflächenkenngrößen geschlossen werden. Für jeden Typ von Oberfläche muss das System eingemessen werden.

Wirbelstromverfahren haben für die Rauheitsmessung keine Bedeutung erlangt.

4.3.2.9 Kapazitive Verfahren

Parallel zur Werkstückoberfläche wird in sehr kleinem Abstand berührungslos eine gerade leitfähige Platte positioniert. Zwischen der Platte und dem Werkstück wird eine Wechselspannung angelegt und der resultierende, sehr kleine kapazitive Verschiebungsstrom gemessen.

Zwischen diesem Strom und der Rauheit der Werkstückoberfläche besteht ein Zusammenhang. Es lassen sich allerdings nur Kenngrößen ermitteln, die schon aus ihrer Natur heraus einen über die Oberfläche gemittelten Charakter haben, wie beispielsweise *Ra*. Wichtige lokale Kenngrößen wie *Rz* lassen sich prinzipiell nicht bestimmen.

Das Verfahren ist etwas umständlich in der Handhabung. Gekrümmte Stellen der Werkstückoberfläche können nur eingeschränkt gemessen werden, da immer ein gewisser minimaler Bereich zur Positionierung der ebenen Messplatte erforderlich ist.

Als universelles Rauheitsmessverfahren hat sich dieses System nicht durchsetzen können.

5 Messtechnik

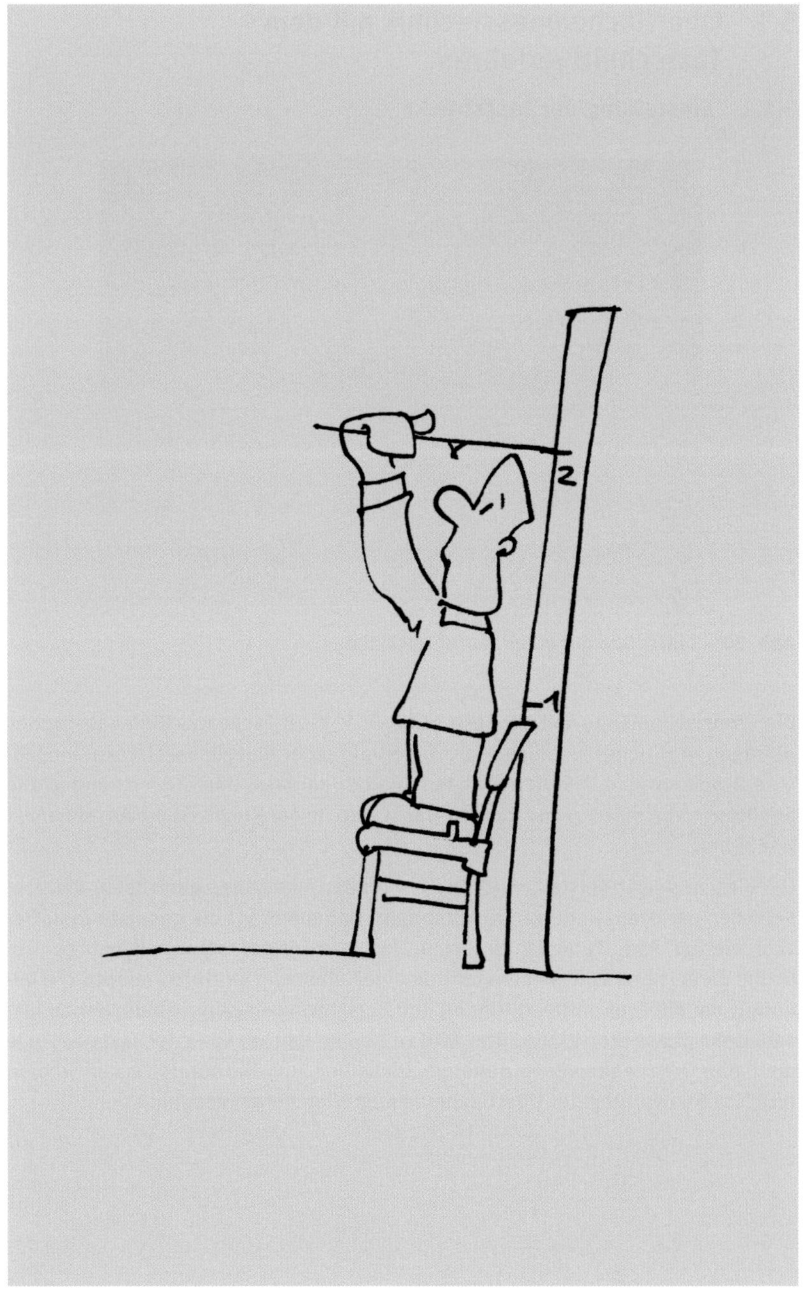

5.1 Oberflächenmesstechnik mit dem Tastschnittverfahren

5.1.1 Einstellung der Taststrecke

Abb. 70 – Tastspitze auf einer gedrehten Fläche

Die Grenzwellenlänge soll mindestens das 2,5- bis 8-Fache des Riefenabstandes betragen, um sicherzustellen, dass innerhalb jeder Einzelmessstrecke mindestens 2 Spitzen und 2 Riefen vorhanden sind, so dass eine ausreichend große Stichprobe von Spitzen und Riefen erfasst wird. In der Praxis ist die Anzahl meist viel höher.

Um dies zu gewährleisten, wird das Profil über eine Länge gemessen, die dem 5-Fachen der Grenzwellenlänge entspricht. Dabei beträgt die gesamte Taststrecke, wie aus Abb. 71 ersichtlich, z.B. das 6-Fache der Grenzwellenlänge. Der Grund dafür ist, dass das Rauheitsfilter eine halbe oder ganze Vorlaufstrecke benötigt, um die Profilmitte zu finden und Einschwingvorgänge abklingen zu lassen. Beim phasenkorrekten Filter wird zu Beginn und am Ende der Taststrecke je die halbe Grenzwellenlänge benötigt. Diese Vor- und Nachlaufstrecken werden nicht zur Auswertung der Oberflächenkenngrößen herangezogen.

Tab. 8 – Zusammenhang zwischen Grenzwellenlänge, Taststrecke und Messstrecke

Grenzwellenlänge λc **/ mm**	**Messstrecke** *ln* **/ mm**	**Taststrecke** *lt* **/ mm**
0,08	0,4	0,48
0,25	1,25	1,5
0,8	4,0	4,8
2,5	12,5	15,0
8,0	40,0	48,0

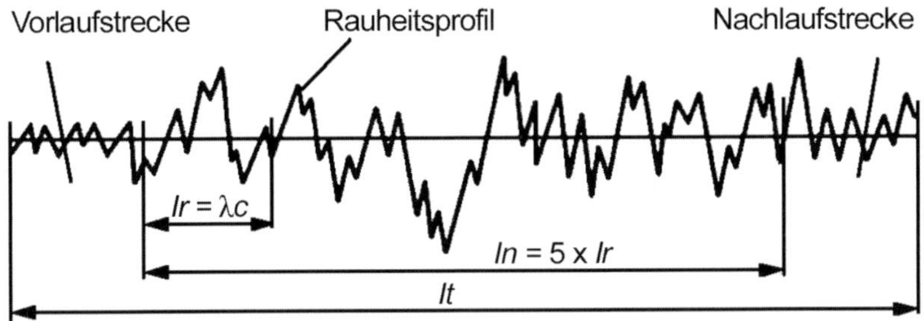

Abb. 71 – Die Taststrecke *lt* enthält neben der Messstrecke *ln* die zusätzlichen Vor- und Nachlaufstrecken.

Die Zuordnung von Grenzwellenlänge und Messstrecke ist in den Normen verbindlich festgelegt.

Bei modernen Oberflächenmessgeräten lassen sich darüber hinaus Taststrecke und Grenzwellenlänge variabel einstellen, um so auch spezielle Messaufgaben zu lösen, bei denen die genormte Messstrecke nicht verwendbar ist. Nach Möglichkeit sollten aber immer die genormten Messbedingungen angewendet werden.

Die Grenzwellenlänge wird, abhängig von der Werkstückoberfläche, entweder nach dem Riefenabstand oder den zu erwartenden Rauheitswerten gewählt. Abweichungen sind dann erforderlich, wenn das Werkstück die geforderte Messstrecke nicht zulässt. 

In der Praxis wird die Taststrecke 4,8 mm bzw. 5,6 mm am häufigsten und damit die Grenzwellenlänge 0,8 mm verwendet. Dies bedeutet aber nicht, dass diese Kombination immer richtig sein muss.

5.1.2 Wahl der Grenzwellenlänge des Filters

Bei periodischen Profilen orientiert man sich am Riefenabstand (Vorschub der Bearbeitungsmaschine). Die Grenzwellenlänge soll hier das 2,5- bis 8-Fache des Riefenabstandes betragen. Bei aperiodischen Profilen ist die Größe des zu messenden *Rz*- oder *Ra*-Wertes maßgebend. Außerdem sind in DIN EN ISO 4288: 1998-04 die Einzelmessstrecken *lr* und die Messstrecke *ln* angegeben, mit denen gemessen werden soll.

Tab. 9 gibt eine Anleitung zur Auswahl des Profilfilters bzw. des Cutoff für unterschiedliche Profilarten.

Folgende Vorgehensweise wird empfohlen:

1. Zuerst ist die vorliegende Profilart (periodisch/aperiodisch) zu wählen.
2. Der gemessene *RSm*-Wert bzw. *Ra*- oder *Rz*-Wert ist einem Wertebereich aus der Tab. 9 zuzuordnen.
3. Der Pfeilrichtung folgend werden in der mittleren Spalte die Messbedingungen abgelesen.

Tab. 9 – Auswahl der Filter

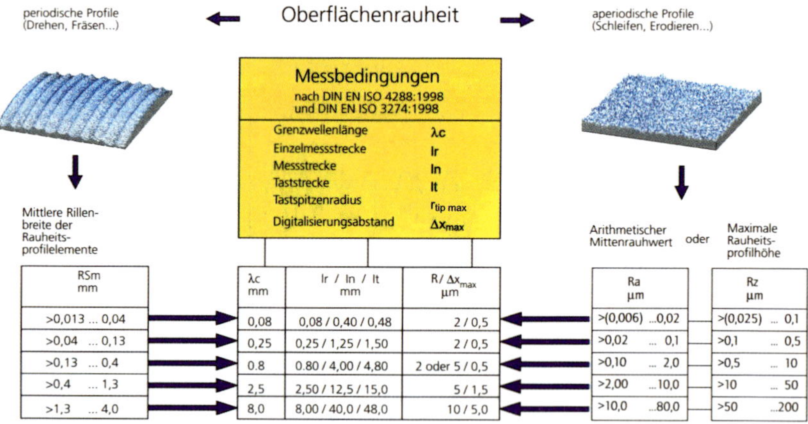

RSm mm	λc mm	lr / ln / lt mm	R/ Δx_{max} µm	Ra µm	Rz µm
>0,013 ... 0,04	0,08	0,08 / 0,40 / 0,48	2 / 0,5	>(0,006) ...0,02	>(0,025) ... 0,1
>0,04 ... 0,13	0,25	0,25 / 1,25 / 1,50	2 / 0,5	>0,02 ... 0,1	>0,1 ... 0,5
>0,13 ... 0,4	0.8	0.80 / 4,00 / 4,80	2 oder 5 / 0,5	>0,10 ... 2,0	>0,5 ... 10
>0,4 ... 1,3	2,5	2,50 / 12,5 / 15,0	5 / 1,5	>2,00 ...10,0	>10 ... 50
>1,3 ... 4,0	8,0	8,00 / 40,0 / 48,0	10 / 5,0	>10,0 ...80,0	>50 ...200

Als Messstrecke ist im Allgemeinen mindestens die 5-fache Länge der Grenzwellenlänge vorzusehen. Wenn jedoch das Werkstück dazu nicht lang genug ist, darf eine Messstrecke mit weniger Einzelmessstrecken, z.B. von $3 \times \lambda c$, angewendet werden. Dies ist dann beim Rauheitswert anzugeben, z.B. *Ra* = 1,1 µm bei $ln = 3 \times lr$.

Sind aus besonderen Gründen andere Zuordnungen der Grenzwellenlänge notwendig als in Tab. 9 angegeben, so sind diese beim Rauheitswert anzugeben, z.B. *Ra* = 1,1 µm bei $\lambda c = 0{,}25$ mm.

Die Grenzwellenlänge und die Einzelmessstrecke sind stets gleich lang zu wählen.

Die Werte in Tab. 9 gelten für Gauß-Filterung. In älteren Geräten, in denen lediglich analoge Filter auf der Basis von Widerstands-Kondensatorkombinationen (2RC-Filter) zur Verfügung stehen, müssen die Messbedingungen entsprechend der zurückgezogenen Norm DIN 4768-1:1974-08 eingestellt werden.

5.1.2.1 Ausblick ISO 21920 – *Grenzwellenlängen*

Die in DIN EN ISO 4288:1998-04 definierten Messbedingungen richten sich nach der **tatsächlichen Werkstückrauheit**. Somit müssen zumindest auf Werkstücken mit noch gänzlich unbekannter Oberfläche zuvor Probemessungen zum richtigen Einstellen der Messbedingungen durchgeführt werden. In diesem Vorgehen liegt allerdings ein gewisser logischer Widerspruch, da eigentlich auch für die Probemessungen bereits die richtigen Messbedingungen verwendet werden müssen.

Abweichend davon richten sich die einzustellenden Messbedingungen in der geplanten nachfolgenden Norm ISO 21920 ausschließlich nach den **Zeichnungsangaben**, nach denen das Werkstück gefertigt wurde. Die Messbedingungen werden demnach dann schon bei der Zeichnungserstellung eindeutig festgelegt und müssen nicht mehr erst durch Probemessungen ermittelt werden.

Der Zusammenhang zwischen der Toleranzangabe auf der Zeichnung und den daraus abzuleitenden Messbedingungen soll bis zum Erscheinen der neuen Norm sinnvoll festgelegt werden. Ziel ist es, dass sich bei Anwendung der alten oder der neuen Norm weitgehend dieselben Messbedingungen ergeben.

Bei der Messung von Oberflächennormalen gibt es keine Zeichnung. Stattdessen werden die Messbedingungen einzustellen sein, die im Kalibrierschein angegeben sind.

5.1.3 Formabweichungen eliminieren

Die Gerätenorm DIN EN ISO 3274:1998-04 sieht vor der Weiterverarbeitung des Profils das Eliminieren der Formabweichungen vor. Als Form werden die Profilanteile angesehen, die in ihrer Höhe sehr viel größer als die Rauheit der Oberfläche sind.

In den meisten Fällen kann die Form der Oberfläche im Wesentlichen als eben angenommen werden. In diesem Fall ist keine weitere Aktion erforderlich und es kann sofort zum Ausrichten des Profils übergegangen werden.

Wenn z. B. der *Ra*-Wert auf einer Kugeloberfläche gemessen werden soll, muss dieser Formabweichungsanteil entfernt werden. Dazu kann mathematisch ein Kreis oder ein Polynom angepasst und anschließend subtrahiert werden.

Das resultierende Profil ist das P-Profil. Bei Verwendung von Gleitkufentastern wird die Formabweichung schon durch die Gleitkufe weitgehend aus der Messung entfernt.

Würde die Formabweichung in so einem Fall nicht oder unzureichend eliminiert, würde sich die Mittellinie nach der Gauß-Filterung verschieben. Der Versatz geht unmittelbar in die Berechnung des *Ra*-Wertes ein. Reine Vertikalkenngrößen wie z. B. *Rz* sind davon nicht betroffen.

5.1.4 Ausrichten des Profils

Zur genauen Erfassung einer Oberfläche werden Taster ohne Gleitkufe verwendet, die das Profil gegen eine Ebene bzw. Gerade erfassen, siehe Abschnitt 4.2.2. Diese Bezugsebene befindet sich im Vorschubapparat und muss möglichst parallel zur Werkstückoberfläche ausgerichtet werden. Eine Schräglage des Profils bedeutet nicht, dass am Werkstück eine Gestaltabweichung vorliegt, sondern zeigt, dass die Bezugsebene nicht exakt ausgerichtet ist.

5.1.4.1 Mechanische Ausrichtung

Die maximal zulässige Schiefstellung zwischen der Bezugsebene und dem Werkstückprofil wird durch die mechanischen Anschläge des verwendeten Tasters begrenzt. Eine nur kleine weitere Auslenkung des filigranen Tasters verursacht in seinem Innern in der Regel irreversible Schäden.

Bei induktiven Tastern ist der Messbereich meistens in unterschiedlich wählbare elektrische Messbereiche unterteilt. Zur Erzielung der bestmöglichen Genauigkeit ist es ratsam, den kleinstmöglichen Messbereich zu verwenden. Nur in diesem Fall wirken sich die Nichtlinearität des Tasters und das Digitalisierungsrauschen am wenigsten schädlich aus.

Die richtige Ausrichtung kann oft nur durch mehrmalig aufeinanderfolgendes Messen der Taststrecke und eine entsprechend darauf abgestimmte mechanische Ausrichtung der Bezugsebene erreicht werden.

Wenn dabei zur Zeitersparnis nur Teile der Messtrecke abgetastet wurden, ist die endgültige Messung darauf zu kontrollieren, dass es an keiner einzigen Stelle zu einer Übersteuerung des Messbereichs gekommen ist. Andernfalls muss die Messung im nächstgrößeren Messbereich wiederholt werden.

Besonders empfehlenswert sind in diesem Zusammenhang moderne Oberflächenmessgeräte mit einem inkrementellen Messsystem. Sie weisen normalerweise nur einen einzigen großen Messbereich auf. Mechanischer und elektrischer Messbereich sind in diesem Fall identisch. Zudem weisen sie im Vergleich zu den sonst üblichen induktiven Tastern wesentlich kleinere Nichtlinearitätsabweichungen auf.

5.1.4.2 Mathematische Ausrichtung

Selbst nach einer sorgfältigen mechanischen Ausrichtung verbleibt in der Regel eine minimale Schiefstellung des Profils.

Zur Auswertung von Kenngrößen wie etwa *Pt* muss das Profil zusätzlich mathematisch ausgerichtet werden. Die Standardmethode zur Ausrichtung des Profils besteht in der Einpassung einer Ausgleichsgeraden nach der Methode der kleinsten Fehlerquadrate. Das resultierende P-Profil ergibt sich aus der Differenz des mechanisch ausgerichteten Profils zu der Ausgleichsgeraden.

Nicht alle Kenngrößen sind auf eine exakte Ausrichtung des Profils angewiesen. Bei den Kenngrößen, die aus dem R-Profil berechnet werden, sorgt die Mittelliniebildung durch die Filterung dafür, dass das resultierende R-Profil ausgerichtet ist. Da aber häufig gleichzeitig mehrere Kenngrößen aus einem Profil berechnet werden sollen, wird in der Regel das Profil zuvor ausgerichtet.

Die mathematische Ausrichtung des Profils kann auf modernen Oberflächenmessgeräten im Vergleich zur mechanischen Ausrichtung sehr viel schneller durchgeführt werden. Zumindest bei induktiven Tastsystemen darf aber zur Erzielung einer ausreichend hohen Messgenauigkeit nicht auf eine zusätzliche mechanische Ausrichtung verzichtet werden.

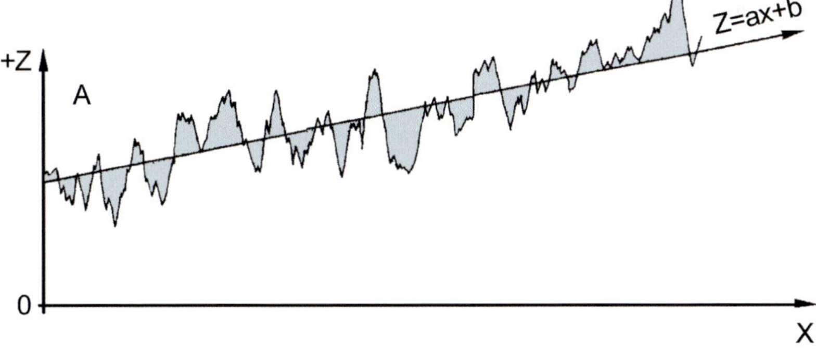

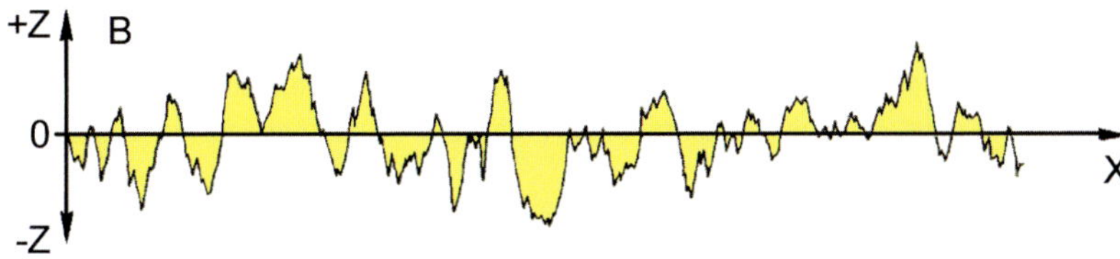

Abb. 72 – Profil A: gemessenes Profil, Profil B: ausgerichtetes Profil

5.1.4.2 Ausblick ISO 21920 – *Ausrichtung*

Die bestehenden Normen zur Rauheitsmessung gehen von Messgeräten mit einem vergleichsweise geringen vertikalen Messbereich im Bereich von weniger als 1 mm aus. Im Vergleich dazu ist die damit mögliche Taststrecke in der Größenordnung von mehreren Zentimetern wesentlich größer. Die aufgenommenen Profile konnten somit bisher nur eine geringe maximale Steigung aufweisen.

Neuere Rauheitsmessgeräte können dagegen teilweise einen wesentlich größeren vertikalen Messbereich abdecken. Damit ist die Erfassung von Profilen möglich, die sehr stark bis zu ca. $\pm 45°$ gegenüber der Bezugsebene geneigt sind. Die bisher vorgeschriebene **Subtraktion** einer Ausgleichsgeraden wäre aber bei Neigungen oberhalb von ca. $\pm 5°$ nicht mehr angemessen.

Stattdessen wird in der neuen ISO 21920 das Profil um den entsprechenden Neigungswinkel **rotiert** werden. Die Oberflächenmerkmale werden dadurch auch bei stark geneigt aufgenommenen Profilen wieder funktionsgerecht in ihrer Ausprägung senkrecht zur Werkstückoberfläche ausgewertet.

5.2 Güteklassen

Gemäß DIN 4772:1979-11 (zurückgezogene Norm) ist für ein Oberflächenprüfgerät der Güteklasse 1 eine Genauigkeit innerhalb ± 5 % des angezeigten Messwertes vorgeschrieben. Die Güteklasseneinteilung wurde allerdings nicht mehr in die momentan gültigen Oberflächennormen aufgenommen, da ihre exakte Definition problematisch ist.

Ersatzweise wird die Angabe einer aufgabenbezogenen Messunsicherheit empfohlen, so dass man es statt mit einer einzigen Messunsicherheit für das Messgerät mit einer Vielzahl einzelner Messunsicherheiten für die verschiedenen Kenngrößen und Werkstückoberflächen zu tun hat. Für eine erste Orientierung über die Leistungsfähigkeit eines Oberflächenmessgerätes macht die Einstufung in die Güteklassen nach DIN 4772:1979-11 (zurückgezogene Norm) aber durchaus noch Sinn.

Bei der Beurteilung der Genauigkeit von Oberflächenmessgeräten muss berücksichtigt werden, dass die Rauheit auf Werkstücken lokal bis zu ca. ± 30 % schwanken kann. Die Schwankungsbreite für Rauheitsmessungen auf diesen Oberflächen resultiert daher im Wesentlichen aus den Eigenschaften der Werkstückoberfläche. Das Oberflächenmessgerät trägt in diesem Fall nur wenig zur Streuung der Messwerte bei.

Soll das Tastschnittgerät selbst beurteilt werden, müssen für den Test möglichst perfekte Oberflächennormale anstelle von Werkstücken verwendet werden. Oberflächennormale haben die Eigenschaft, dass ihre Oberflächen sehr gleichmäßig sind. Die Schwankungsbreite für Messungen auf einem festgelegten Oberflächenabschnitt liegt bei solchen Normalen bei deutlich unter 1 %.

Bei sehr kleinen Rauheitswerten gehen Umgebungseinflüsse, wie mechanisches Vibrieren des Aufstellungsortes und elektrische Einstreuungen durch große Stromverbraucher im gleichen Stromkreis, z. B. Elektroschweißgeräte oder sporadisch laufende Kompressoren, mit in das gemessene Rauheitsprofil ein und verfälschen das Messergebnis. Dieser Messunsicherheitsbeitrag darf daher nicht dem Oberflächenmessgerät zugeordnet werden.

Ein guter Anhaltspunkt für die Güte von Oberflächenmessgeräten sind die Messunsicherheiten, die in DKD-Kalibrierlaboratorien für die gängigen Oberflächenkenngrößen erzielt werden. Die dort zugestandenen Messunsicherheiten für die Messung von Oberflächennormalen liegen im Bereich von 3 % bis 5 %. Darin sind die Unsicherheiten der zum Abgleich verwendeten Referenznormale bereits enthalten.

Eine ausführliche Beschreibung der aufgabenbezogenen Messunsicherheit findet sich in Abschnitt 7.

5.3 Kalibrierung der Geräte

Tastschnittgeräte sollten in regelmäßigen Zeitabständen kalibriert werden. Am einfachsten geschieht dies mit einem Geometrienormal, das mit den Sollwerten, z. B. *Ra* und *Rz*, beschriftet ist. Die gemessenen Werte müssen im Rahmen der Fehlergrenzen mit den Sollwerten übereinstimmen.

DIN EN ISO 5436-1:2000-11 listet Normale zur Kalibrierung von Tastschnittgeräten auf. Das Geometrienormal nach Abb. 73 wird als Rillenabstandsnormal vom Typ C bezeichnet. Es eignet sich sowohl für die Überprüfung des Verstärkers als auch der Rechenschaltung.

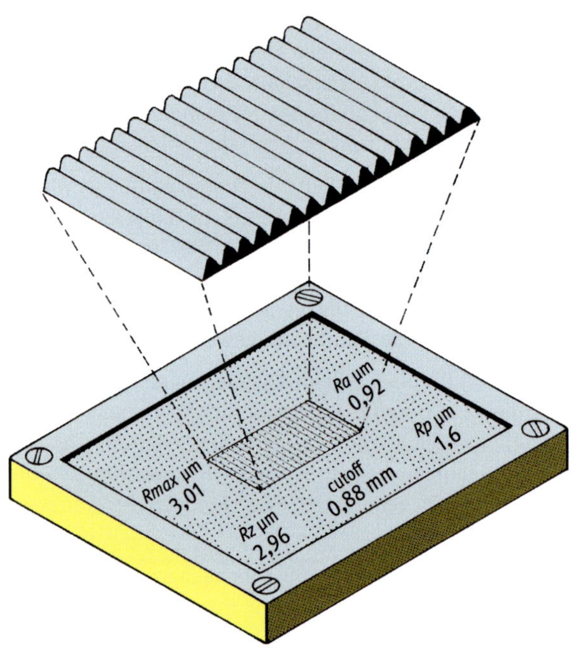

Abb. 73 – Rillenabstandsnormal (Geometrienormal) nach DIN EN ISO 5436-1: 2000-11, Typ C

Stimmen die angezeigten Werte nicht mit den Sollwerten überein, so liegt ein Fehler am Gerät oder am Taster (Tastspitze ausgebrochen) vor. Moderne Geräte sind entweder mit stabilen Verstärkern ausgerüstet oder es werden inkrementelle Messsysteme verwendet, so dass nur eine zu vernachlässigende sehr geringe zeitliche Drift zu beobachten ist. Sowohl Gerät als auch Taster werden vom Hersteller kalibriert geliefert. Möglichkeiten zur Nachjustierung bestehen nur noch bei älteren Geräten, jedoch sollte diese im Hinblick auf die werkseitig eingestellte Kalibrierung unterbleiben.

Ein Tiefeneinstellnormal nach DIN EN ISO 5436-1:2000-11, Typ A, mit einer einzigen Rille, deren Tiefe genau gemessen und angegeben ist, ist in Abb. 74 dargestellt.

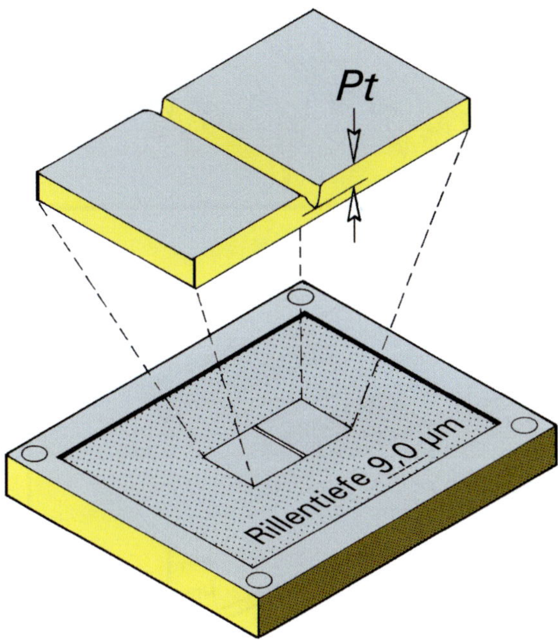

Abb. 74 – Tiefeneinstellnormal nach DIN EN ISO 5436-1:2000-11, Typ A, mit einer einzelnen 9-µm-Rille

Dieses Normal gestattet nur die Kontrolle der vertikalen Verstärkung und liefert keine Hinweise auf den Zustand der Tastspitze. Die Rillentiefe kann nicht durch Messung einer Rauheitskenngröße erfasst werden, da das Profil durch die Filterung verzerrt wird. Die Rillentiefe kann nur durch die ungefilterte Kenngröße *Pt* am ausgerichteten Profil ermittelt werden.

Außerdem stehen von der PTB (Physikalisch-Technische Bundesanstalt) entwickelte besondere Einstell- und Raunormale zum Prüfen und Kalibrieren von Tastschnittgeräten zur Verfügung. Diese Normale sind in DIN EN ISO 5436-1:2000-11 als Typ D eingestuft, sind quer geschliffen und haben ein unregelmäßiges Profil, das sich nach 4 mm wiederholt. In Querrichtung ist die Profilform konstant, siehe Abb. 75. Ein Satz umfasst drei Normale unterschiedlicher Rauheit, um ein Gerät im Bereich von *Rz* 1,5 µm bis 8,5 µm zu prüfen. Seit einiger Zeit sind weitere sogenannte superfeine Raunormale kommerziell verfügbar, welche den Bereich auf *Rz* 0,15 µm bis 0,45 µm erweitern. Sie erlauben, zusammen mit einem Kalibrierschein der Physikalisch-Technischen Bundesanstalt, eine exakte Prüfung von Tastschnittgeräten. Dabei ist nach den Anweisungen des Prüfscheines zu verfahren, und die vorgeschriebenen Randbedingungen sind einzuhalten.

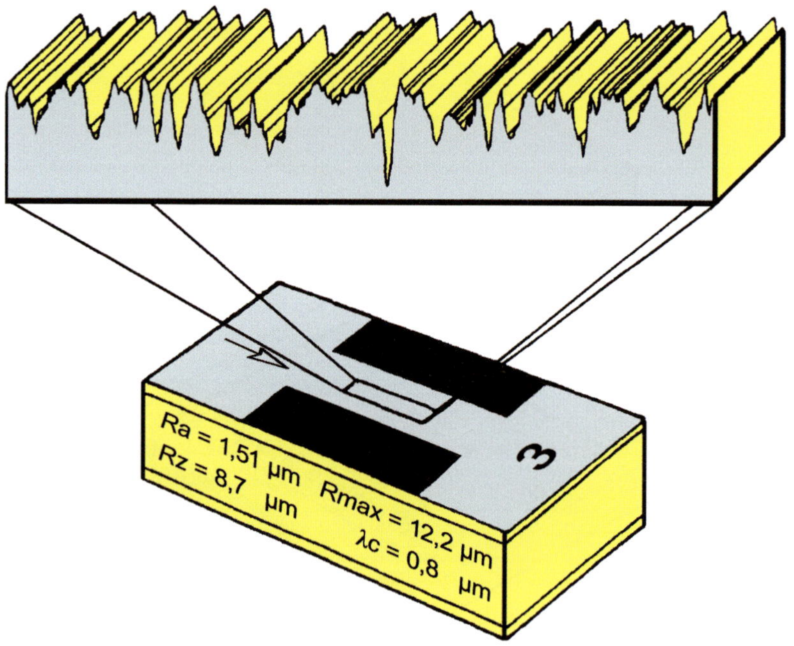

Abb. 75 – Raunormal nach DIN EN ISO 5436-1:2000-11, Typ D

In DIN EN ISO 5436-1:2000-11 sind weitere Normale aufgeführt, die aber teilweise wenig verbreitet sind. Insbesondere die Normale vom Typ B zur Überprüfung der Tastspitze werden in der Praxis wenig verwendet und es gibt auch kein DKD-Kalibrierlabor, das zur Kalibrierung dieses Normaltyps akkreditiert ist.

Bei sehr hohen Ansprüchen an die Genauigkeit des Messplatzes findet man in DIN EN ISO 12179:2000-11 eine ausführliche Anleitung zur Kalibrierung von Tastschnittgeräten. Die beschriebene Methode ist nur für Tastschnittgeräte mit Bezugsebenenvorschüben anwendbar – Handgeräte sind also ausgenommen. Die Kalibrierung von Tastschnittgeräten wird auch als Dienstleistung von DKD-Laboratorien angeboten.

5.3.1 Kalibrierlaboratorien

Um den Anschluss der Normale an staatliche Normale und an ein Qualitätsmanagementsystem nach DIN EN ISO 9001:2015-11 zu ermöglichen, können DAkkS-DKD-Kalibrierscheine für folgende Normale und Geräte ausgestellt werden:

- Tiefeneinstellnormale
- Raunormale
- Tastschnittgeräte.

Die Akkreditierung der Kalibrierlaboratorien wird seit dem Jahr 2010 von der DAkkS (Deutsche Akkreditierungsstelle) vorgenommen. Die nationale Akkreditierungsstelle wacht darüber, dass die Kalibrierlaboratorien ihre Tätigkeiten kompetent und unter Beachtung der gültigen Normen erbringen. Der ordnungsgemäße Betrieb eines Kalibrierlabors wird durch DIN EN ISO 17025:1998-07 (zurückgezogene Norm) beschrieben.

Waren und Dienstleistungen werden international ausgetauscht. Dies gilt auch für Kalibrierscheine von Normalen. Die ILAC-Vereinigung (International Laboratory Accreditation Cooperation) verfolgt das Ziel, dass national ausgestellte Kalibrierscheine auch in anderen Ländern anerkannt werden. Auf Basis des MRA-Abkommens (Mutual Recognition Arrangement) sind die Kalibrierscheine international gültig.

Die fachliche Betreuung der meisten Kalibrierlaboratorien wird durch den DKD (Deutscher Kalibrierdienst) sichergestellt. Der DKD vermittelt die Zusammenarbeit von akkreditierten Kalibrierlaboratorien mit der PTB. Laboratorien, die Mitglied im DKD sind, dokumentieren ihre Kompetenz zusätzlich durch das DKD-Logo auf der ersten Seite des Kalibrierscheins. Dort befindet sich gegebenenfalls auch das ILAC-Logo.

Für jede Größe wird dem Labor eine minimal angebbare Messunsicherheit zugewiesen. Bestmögliche Werte liegen im Bereich von 3 % bis 5 %. Bei speziellen Rauheitskenngrößen wie *Rk* und daraus abgeleiteten Messgrößen können die zugestandenen Messunsicherheiten aber auch größer sein.

Der aktuelle Abnutzungszustand eines zur Kalibrierung eingesandten Normals kann die Zuweisung einer höheren Messunsicherheit erfordern. In solchen Fällen spricht das Kalibrierlabor häufig eine Empfehlung zum Austausch des Normals aus, so dass die Angabe der bestmöglichen Messunsicherheit wieder sichergestellt ist.

Die Kalibrierlabore arbeiten im Rahmen des DKD unter Anleitung der Physikalisch-Technischen Bundesanstalt kontinuierlich an der Verbesserung ihrer Messmethoden. Messunsicherheiten, wie sie z. B. im Bereich der Kalibrierung von Endmaßen üblich sind, werden für den Bereich der Rauheitsmessung aus physikalischen Gründen auch in Zukunft nicht annähernd erreicht werden können.

5.4 Rauschen, Schwingungen

Unter Rauschen eines Messsystems versteht man die Summe aller unerwünschten Signale, die das Gerät anzeigt, wobei ein großer Anteil von mechanischen Schwingungen herrühren kann. Schwingungen sind aus dem Profildiagramm als eng beieinanderliegende Überlagerung zu erkennen und gehen in voller Größe in die Ermittlung der Messwerte ein, die dadurch wesentlich höher liegen als am realen Werkstück vorhanden. Dies ist aus Abb. 76 ersichtlich.

Profil B: mit Vibrations-Isolierung

Abb. 76 – Vergleich von zwei an derselben Stelle gemessenen Profilen, mit und ohne Schwingungsisolierung

Das Rauschen des Messsystems kann durch die Messung auf einer Planglasplatte ermittelt werden. Üblich ist die Ermittlung des *Rz*-Wertes, wobei die Mess- und Filterbedingungen genauso wie bei den anschließend geplanten Messungen eingestellt werden sollen. In der Norm DIN EN ISO 12179:2000-11 über das Kalibrieren von Tastschnittgeräten wird diese Größe *Rz0* genannt – nicht zu verwechseln mit dem Index Null, der normalerweise die Anzahl der Einzelmessstrecken angibt.

Falls es das Gerät zulässt, ist eine zusätzliche Messung bei mechanisch stillstehendem Vorschub sinnvoll. Je nach Gerät kann dazu die Einstellung einer gedachten Taststrecke und ebenso einer Tastgeschwindigkeit erforderlich sein. Die Angabe dieser beiden Werte dient lediglich dazu, die Messzeit und die Filterbedingungen festzulegen. Der so ermittelte *Rz*-Wert enthält jetzt nur noch die von außen in das Messgerät gelangenden Schwingungen. Ein großer Unterschied zum Messwert *Rz0*, der bei mechanisch fahrendem Vorschub ermittelt wurde, kann auf einen Defekt im Vorschubapparat deuten.

Eine Betrachtung des Originalprofils oder seines Spektrums kann wertvolle Hinweise auf die Ursache hoher Grundstörungen liefern, siehe Abschnitt 3.10.5. Eine ausgeprägte Linie im Spektrum kann z. B. von einer in der Nähe aufgestellten, schwingungserzeugenden Werkzeugmaschine stammen.

Die Beseitigung von Schwingungen wird in den folgenden Abschnitten näher erläutert.

5.4.1 Gleitkufentaster

Bei allen Messungen sollte der Messkreis (Abstand von Bezugspunkt zu Messpunkt) möglichst klein sein. Den kleinsten Messkreis besitzen Gleitkufentaster, die daher sehr unempfindlich gegen Schwingungen sind.

Gleitkufentaster werden bei fast allen Handmessgeräten eingesetzt, weil dann Schwingungen am Einsatzort, nämlich direkt in der Fertigung, das Messergebnis kaum beeinträchtigen. Die Vorschubgeräte sind einfach aufgebaut und erlauben nur Rauheitsmessungen, aber keine Welligkeitsmessungen.

5.4.2 Vorschubapparat an Säulen

Bei vielen Oberflächenmessgeräten wird der Vorschubapparat an einer Säule befestigt, siehe Abb. 64. Große Werkstücke können bei dieser Anordnung auf der zur Säule gehörenden Granitplatte aufgebaut werden. Für Messungen an konischen Teilen oder schrägen Flächen wird der Vorschubapparat in den entsprechenden Winkel zur Waagerechten geschwenkt.

Bei Bezugsebenenmessungen können Schwingungen auftreten, da der Messkreis bei dieser Anordnung verhältnismäßig groß ist.

Zur Messung von Kleinteilen ist ein separater Messständer nicht unbedingt erforderlich. Sie werden auf dem Vorschubapparat aufgenommen, wodurch eine platzsparende Messanordnung entsteht.

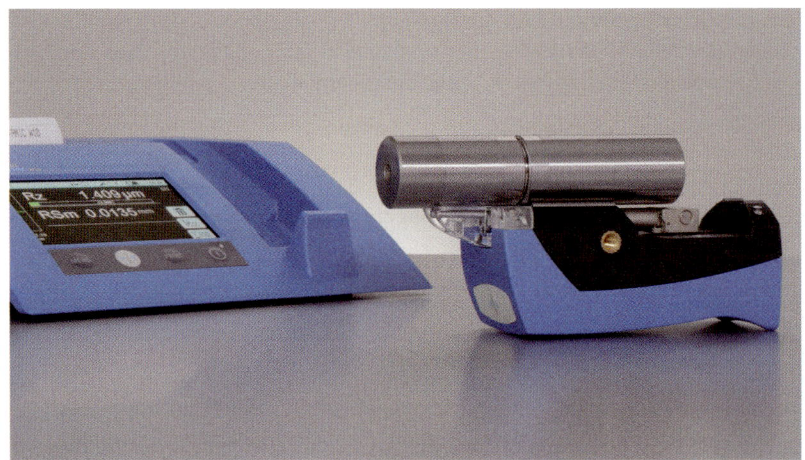

Abb. 77 – Aufnahme und Messung von Kleinteilen auf dem Vorschubapparat

5.4.3 Messtische mit Schwingungsdämpfung

Für Bezugsebenenmessungen in kleinen Messbereichen sind in jedem Fall Vorkehrungen für die Schwingungsdämpfung zu treffen. Die üblichen Messplätze, bestehend aus einer Messsäule und einer massiven Granitplatte, sind auf federnden Elementen gelagert, die eine gewisse Dämpfungswirkung gegen das Passieren von Schwingungen mit Frequenzen oberhalb der Resonanzfrequenz des Feder-Masse-Systems aufweisen. Da das Messsignal aus dem Taster zwischen 5 Hz und 50 Hz liegt, sollten möglichst Tische mit einer Resonanzfrequenz unter 5 Hz verwendet werden.

Neben einfachen Isolatoren aus Gummi stehen Luftdämpfelemente mit einer Resonanzfrequenz von 1 – 5 Hz zur Verfügung. Bei großen, asymmetrischen Belastungen der Messplatte müssen diese Dämpfungselemente individuell eingestellt werden, sofern sie nicht durch ein Nivelliersystem untereinander verbunden sind.

Obwohl häufig von **Schwingungsisolierung** gesprochen wird, können die Systeme die Schwingungen nie vollständig vom Messaufbau fernhalten, sondern lediglich in ihrer Amplitude **dämpfen**. Vergrößern sich zum Beispiel die Schwingungen des Bodens durch Wahl eines anderen Aufstellortes des Messplatzes werden auch die Schwingungen **im** Messplatz im gleichen Maße anwachsen. Daher ist nach Möglichkeit ein ruhiger Aufstellort zu wählen, möglichst entfernt von externen Schwingungsquellen, z. B. aus einem Fertigungsbetrieb. Die Aufstellung auf gewachsenem Boden im Keller eines Gebäudes ist in der Regel günstiger als die Aufstellung in höheren Stockwerken.

5.5 Temperatur

Abweichungen von der in der Messtechnik üblichen Bezugstemperatur sind bei Oberflächenmessungen unkritisch. Die Wärmeausdehnung bei Stahl beträgt etwa 0,001 % pro Kelvin. Eine Temperaturzunahme von 10 K bewirkt eine Ausdehnung von 0,01 %. Für Längenmessungen, bei denen oft nur maximale Abweichungen von 1 µm auf 50 mm Länge zugelassen werden, würde eine Temperaturdifferenz von 10 K eine unzulässig große Längenänderung von 5 µm auf 50 mm Länge bedeuten.

Bei Oberflächenmessungen sind Änderungen eines Messwertes von 0,01 % vernachlässigbar klein. Bei einem *Rz*-Wert von 10 µm würde eine Temperaturzunahme von 10 K eine Erhöhung des Wertes um 0,01 % von 10 µm, also um 0,001 µm bedeuten.

Übliche Oberflächenmessungen dauern nur kurze Zeit, dagegen nehmen topographische Aufnahmen von Oberflächenprofilen oft mehrere Stunden in Anspruch. Sollen dabei auch Formabweichungen und Welligkeit erfasst werden, ist es ratsam, solche Messungen in einem klimatisierten Raum vorzunehmen, um auf jeden Fall thermische Veränderungen am Messaufbau auszuschließen.

5.6 Einfluss von Zugluft

Zugluft kann genaue Messungen von Welligkeit und Formabweichungen beeinflussen. Wenn der Luftstrom auf die Messsäule mit dem Vorschubapparat gerichtet ist, sind Verformungen möglich, welche die Genauigkeit von Bezugsebenenmessungen beeinträchtigen. Die Vermeidung von Zugluft ist unproblematisch und kann durch Wahl eines entsprechenden Aufstellungsortes sichergestellt werden.

5.7 Beschädigungen am Werkstück

Die Auflagekraft der Tastspitze für Oberflächenmessungen ist in DIN EN ISO 3274:1998-04 auf 0,75 mN festgelegt. Für die Gleitkufe ist die maximale Auflagekraft in Tab. 7 mit kleiner 0,5 N angegeben. Eine Überschreitung der dort genannten Auflagekräfte ist im Interesse genauer Messungen nicht ratsam. Die genannten Kräfte sind zwar sehr klein; trotzdem entstehen bei Spitzenradien von 5 µm bzw. 2 µm hohe Flächenpressungen, die plastische Verformungen am Werkstück hervorrufen können. Bei den meisten metallischen Oberflächen, ebenso wie bei Kunststoff- und Hartgummioberflächen, sind plastische Formänderungen vernachlässigbar klein. Anders liegen dagegen die Verhältnisse bei Oberflächen aus Weichgummi, z. B. bei Gummidichtungen. Hier sind plastische Formänderungen durchaus möglich, welche die Messung beeinflussen können.

Aufschluss darüber, ob eine Oberfläche mit einer Tastspitze messbar ist, liefern zwei an derselben Stelle aufgenommene Rauheitsmessungen, die man miteinander vergleicht. Dabei sollten nicht nur die großen Riefen und Spitzen, sondern auch kleine Profilunregelmäßigkeiten miteinander verglichen werden. Man geht dabei von der Überlegung aus, dass sich plastische Verformungen bei mehreren Messungen nicht exakt wiederholen. Der Vergleich mehrerer Diagramme liefert gleichzeitig Aufschluss über die Messunsicherheit, mit der bei diesen Messungen gerechnet werden muss.

Die Auswirkungen plastischer Verformungen werden oft übertrieben. Besonders bei hochpolierten Flächen wird auch die geringste Spur, herrührend von einer Tastspitze, bequem mit bloßem Auge sichtbar sein, obwohl sie messtechnisch kaum erfassbar ist. Andererseits gibt es sehr wohl Oberflächen, wo selbst kleinste, nur optisch sichtbare Spuren die Funktion des Werkstückes empfindlich stören, z. B. bei Magnetspeicherplatten, empfindlichen Folien oder hochwertigen Spiegeloberflächen.

Bei einer Serienproduktion werden, sofern vertretbar, die gemessenen Werkstücke aussortiert und nicht verwendet. Wenn der Wert des Werkstückes das nicht gestattet, müssen diese mit berührungslos arbeitenden Oberflächenmessgeräten gemessen werden.

Abb. 78 zeigt eine Spur, herrührend von einer Tastspitze mit 5 µm Radius und 0,8 mN Auflagekraft, die mit einer Geschwindigkeit von 0,5 mm/s über eine Aluminiumfolie gezogen wurde. Diese Spur ist etwa 2 µm breit und 0,5 µm tief.

Abb. 78 – Kratzer (von oben links nach unten rechts) in einer Aluminiumfolie, verursacht durch eine Tastspitze

Die zusätzlichen dynamischen Kräfte, welche die Tastspitze auf die Oberfläche ausübt, sind, bedingt durch die kleine Masse der Spitze, nur sehr gering. Sie werden aber mit zunehmender Vorschubgeschwindigkeit erheblich größer und können dann ebenfalls plastische Verformungen hervorrufen. Daher sollte man bei weichen Werkstoffen möglichst geringe Vorschubgeschwindigkeiten wählen.

Dabei ist insbesondere die Geschwindigkeit des Vorschubrücklaufes zu bedenken. Um Zeit zu sparen, wird der Vorschub in der Regel mit der maximalen Geschwindigkeit zurückgefahren. Üblich sind hier Geschwindigkeiten von 2 bis 10 mm/s. Bei den meisten Oberflächenmessgeräten kann für den Rücklauf weder der Taster noch die Tastspitze abgehoben werden. Die Oberflächenbelastung ist aber wegen des schiebenden Betriebs des Tasters besonders hoch. Auf empfindlichen Werkstücken sollte daher die Rücklaufgeschwindigkeit niedrig gehalten werden.

Gleichzeitig sollte man in diesem Zusammenhang daran denken, dass auch eine gegebenenfalls verwendete Gleitkufe, die mit ca. 0,5 N auf der Oberfläche aufliegt, Spuren hinterlassen kann. Ihr Radius ist zwar weit größer als der von der Spitze, aber das Zusammenwirken von Auflagekraft und Kufenradius führt auch hier zu hohen Werten für die Flächenpressung, wobei geringste Beschädigungen der polierten Kufe diesen Effekt noch erhöhen. Insbesondere kleine harte Verunreinigungen auf der Oberfläche, wie etwa lose Schleifkörner, konzentrieren die Auflagekraft der Gleitkufe auf sehr kleine Bereiche. Aus diesem Grunde empfiehlt sich eine regelmäßige Reinigung der Gleitkufe und ein Abwischen der zu messenden Oberfläche.

Bei unzulässigen Beschädigungen der Oberfläche durch die Gleitkufe ist die Verwendung von Tastern mit Ausgleichsgewicht zu empfehlen, die eine Minimierung der Auflagekraft der Kufen gestatten, oder die Messung muss mit Bezugsebenentastern ausgeführt werden.

5.8 Sauberkeit

Bei allen Oberflächenmessungen müssen die Werkstücke sauber sein. Sämtliche Spuren von Öl, Schmutz und Staub müssen vor der Messung beseitigt werden. Dazu verwendet man ein flusenfreies Tuch oder ein Wildledertuch. Für die Reinigung fettiger Oberflächen genügt ein handelsübliches Entfettungsmittel. Ultraschallreinigung ist nicht unbedingt erforderlich. Feinste Öl- oder Fettschichten beeinträchtigen weniger die Messsicherheit, sondern führen vielmehr zur Verschmutzung des Tasters und behindern die freie Beweglichkeit der Tastspitze.

Für die Messung von gehonten Oberflächen in der Werkzeugmaschine gibt es zusätzlich sogenannte Öltaster, welche die Messung verölter Werkstücke gestatten. Ihr gesamtes Messsystem ist gegen Öl geschützt, und die Spitze ist so angeordnet, dass Restöl ihren freien Hub nicht beeinträchtigt.

5.9 Einfluss von Magnetismus

Starke Magnetfelder im Werkstück beeinflussen das Messergebnis. Werkstücke, die bei der Bearbeitung auf einer Magnetplatte gespannt waren, sind vor der Messung zu entmagnetisieren, da sonst der Restmagnetismus im Werkstück die Funktion des induktiven Systems im Taster beeinträchtigt. Dies führt nicht nur zu Messfehlern, sondern auch zur Aufmagnetisierung im Taster und letztlich zu dessen Ausfall. Deshalb ist das Spannen der Werkstücke mit Hilfe von Magneten zu vermeiden. Der Restmagnetismus von Werkstücken wird mit einem magnetischen Restfeldmesser gemessen, dessen Toleranzmarken über den zulässigen Wert entscheiden.

5.10 Oberflächenabdrücke

Es gibt Messaufgaben, die nur mit aufwändigen Sonderkonstruktionen von Tastern lösbar sind. Alternativ dazu sind sie in vielen Fällen über einen Oberflächenabdruck lösbar. Dazu verwendet man eine 2-Komponenten-Abdruckmasse. Diese viskose Flüssigkeit wird in einen Rahmen aus Plastilin gegossen, der die zu messende Oberfläche umgibt. Nach wenigen Minuten ist die Masse hart und stellt das Negativ der zu messenden Fläche dar.

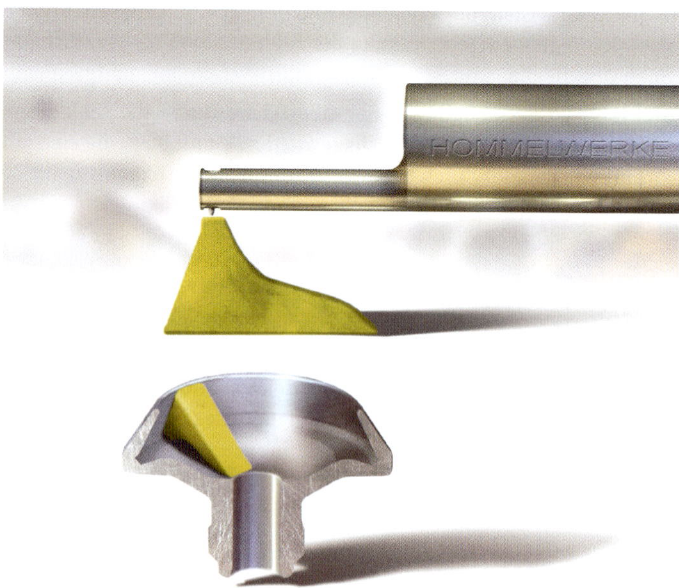

Abb. 79 – Oberflächenabdruck einer unzugänglichen Messstelle

Größere Oberflächenmessgeräte ermöglichen zum Messen von Abdrücken eine Signalumkehr und verarbeiten das Tastersignal so, als sei es am Originalwerkstück aufgenommen worden.

Oberflächenabdrücke sind für Rauheiten über *Ra* 1,5 µm sinnvoll. Bei feineren Oberflächen werden die Fehlereinflüsse, bedingt durch dieses Verfahren, unzulässig groß. Abb. 79 zeigt einen Oberflächenabdruck, mit dessen Hilfe eine für den normalen Taster nicht zugängliche Fläche gemessen wurde.

5.11 Statistische Analyse der Ergebnisse

Eine einzelne Rauheitsmessung liefert, besonders bei aperiodischen Profilen, nur eine sehr begrenzte Aussage. Laut DIN EN ISO 4288:1998-04 soll die Oberflächenmessung an einem Werkstück dort vorgenommen werden, wo die höchsten Werte zu erwarten sind, was oft visuell feststellbar ist. Die Vorgabe des *Rmax*-Wertes nach DIN 4768:1990-05 (zurückgezogene Norm) bzw. des *Rz1max*-Wertes nach DIN EN ISO 4288:1998-04 bedeutet, dass dieser Wert an keiner Stelle des Werkstückes überschritten werden darf.

Kenngrößen, für die Höchstwerte festgelegt wurden, gelten als angenommen, wenn an der schlechtesten Stelle gemessen wurde und eine der beiden Regeln angewendet wird:

- die „16%-Regel" oder
- die „Höchstwert-Regel".

Soweit nicht anders angegeben, gilt die 16%-Regel.

5.11.1 „16%-Regel"

Die Oberfläche wird als annehmbar betrachtet, wenn nicht mehr als **16 % aller gemessenen Werte** der gewählten Kenngröße den auf den Zeichnungen oder in der technischen Produktdokumentation festgelegten Wert überschreiten.

Wenn das angegebene Kenngrößenkurzzeichen nicht den Zusatz „max" trägt, wird die Oberfläche als gut angenommen, wenn an der schlechtesten Stelle gemessen wurde und mindestens eine der folgenden Bedingungen erfüllt ist:

- der erste Messwert 30 % unter dem geforderten Wert liegt,
- bei den ersten drei Messungen keine Überschreitung des zulässigen Wertes erfolgt,
- bei den ersten sechs Messungen nur eine Messung über dem geforderten Wert liegt,
- bei den ersten zwölf Messungen höchstens zwei Messungen über dem geforderten Wert liegen.

Andernfalls ist das Werkstück zurückzuweisen.

Der bei Anwendung der 16%-Regel verursachte Messaufwand kann im Verhältnis zum Wert des zu messenden Werkstücks unter Umständen sehr hoch sein. Deshalb sollte bei geringwertigen Teilen geprüft werden, ob diese nicht bereits nach der ersten Messung mit überschrittenem Grenzwert verworfen werden sollten.

5.11.2 „Höchstwert-Regel"

Die Oberfläche wird als annehmbar betrachtet, wenn *keiner* der gemessenen Werte der gewählten Kenngröße den auf den Zeichnungen oder in der technischen Produktdokumentation festgelegten Wert überschreitet.

Die Kenngrößen werden durch den Zusatz „max" gekennzeichnet, z. B. *Rz1max*.

Soll die Übereinstimmung zweier Messungen am gleichen Teil, aber auf unterschiedlichen Geräten verglichen werden, genügt es nicht, auf jedem Gerät nur eine Messung durchzuführen und die beiden Ergebnisse miteinander zu vergleichen. Besonders kritisch wäre zudem der Vergleich von zwei *Rmax*-Werten, die ohnehin stark streuen können.

In einem solchen Fall ist es sinnvoll, auf jedem Messgerät mindestens fünf Messungen auszuführen und die arithmetischen Mittelwerte der Ergebnisse zu vergleichen, die im Rahmen der jeweiligen Messunsicherheit übereinstimmen sollten.

Sollen die Messgeräte selbst verglichen werden, sind Oberflächennormale zu verwenden, deren Oberflächen in sich möglichst wenig streuen.

Siehe dazu auch den Abschnitt 9.2.3 „Unterschiedliche Interpretationen beim *Rmax* und *Rz1max*".

5.12 Statistische Prozesskontrolle SPC

Das SPC-Verfahren erfasst Prozessschwankungen mit dem Ziel, den Zustand, in dem die Toleranzen nicht mehr eingehalten werden, bereits zu erkennen, bevor er eingetreten ist. SPC-Verfahren werden bisher vorwiegend für die Messung von Längenmaßen verwendet, aber zunehmend auch im Rahmen der Oberflächenmessungen eingesetzt.

Werkstücke werden dem laufenden Fertigungsprozess entnommen, und es wird die geforderte Rauheitskenngröße gemessen. Nach einer bestimmten Anzahl von Werkstücken (der Stichprobe) werden der Mittelwert, der Range (Differenz zwischen Höchst- und Mindestwert) und die Standardabweichung der Stichprobe berechnet und in einer Regelkarte festgehalten, siehe Abb. 80.

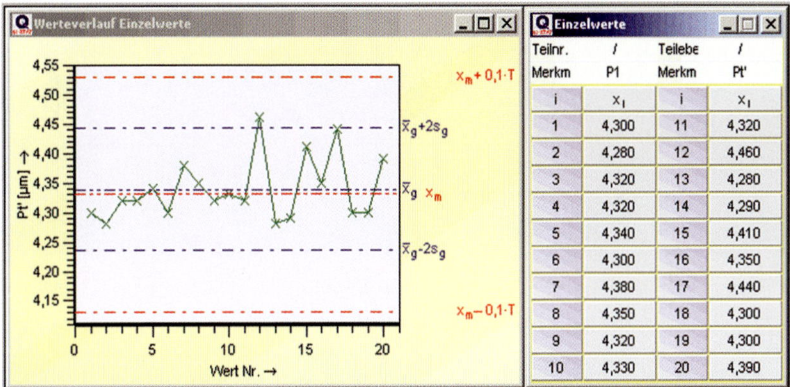

Teilnr.	/	Teilebe	/
Merkm	P1	Merkm	Pt'
i	x_i	i	x_i
1	4,300	11	4,320
2	4,280	12	4,460
3	4,320	13	4,280
4	4,320	14	4,290
5	4,340	15	4,410
6	4,300	16	4,350
7	4,380	17	4,440
8	4,350	18	4,300
9	4,320	19	4,300
10	4,330	20	4,390

Abb. 80 – SPC-Regelkarte für die Rauheitsmessung

Aus den Regelkarten ist erkennbar, wie gut eine Werkstückserie in der Toleranz liegt, und Trends werden ersichtlich, die einen Eingriff in den Fertigungsprozess erforderlich machen.

Fast alle modernen Oberflächenprüfgeräte verfügen über digitale Schnittstellen, um Daten zur Speicherung oder weiteren Auswertung an einen Rechner auszugeben, mit dessen Hilfe diese Regelkarten geführt werden.

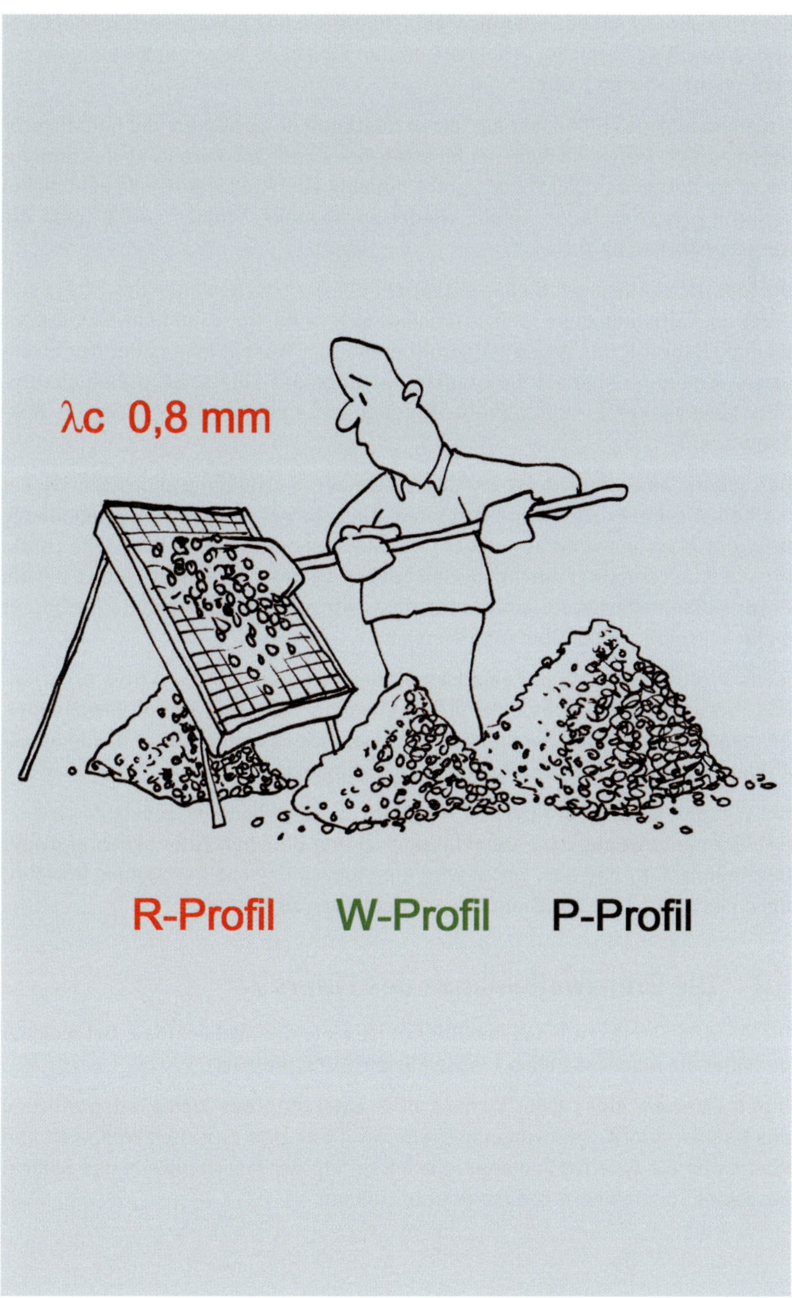
λc 0,8 mm
R-Profil
W-Profil
P-Profil

Ein Profilfilter trennt das aus einer Tastschnittmessung gewonnene Profil in kurz- und langwellige Bereiche. In seiner Funktion gleicht es dabei der Wirkungsweise eines gewöhnlichen Siebes.

Ein engmaschiges Sieb lässt die feinen Bestandteile passieren und hält die gröberen zurück. Durch die Wahl der Maschenweite kann die Aufteilung des Siebgutes in die Kategorien „fein" und „grob" beliebig eingeteilt werden. Es geht nichts verloren – werden beide Anteile wieder zusammengeschüttet, erhält man die Ausgangsmischung zurück.

Die Maschenweite eines Siebes entspricht der Grenzwellenlänge des Filters und dient zur Aufteilung des Profils in das kurzwellige Rauheits- und das langwellige Welligkeitsprofil. Das Welligkeitsprofil enthält im Wesentlichen nur noch Strukturen, die breiter sind als die Grenzwellenlänge des Filters. Beim Rauheitsprofil ist es umgekehrt – beide Profile ergeben zusammenaddiert wieder das Ausgangsprofil.

Das Filtern eines Profils ist im Gegensatz zur Verwendung eines Siebes ein mathematischer Prozess. Für Strukturen, die sehr weit von der Filterwellenlänge bzw. der Maschenweite abweichen, ist das Trennverhalten gleich – die Strukturen werden komplett durchgelassen oder völlig unterdrückt. Im Bereich um die Grenzwellenlänge herum gibt es für das mathematisch berechnete Profilfilter einen kontinuierlichen Übergangsbereich.

Jedes Profil lässt sich mathematisch eindeutig durch sein Spektrum ersetzen. Das Profil wird dazu in eine Reihe von einzelnen Sinuskurven mit jeweils steigenden Wellenzahlen, aber individuellen Amplituden zerlegt. Werden alle Sinuskurven addiert, ergibt sich wieder das ursprüngliche Profil.

Die Wirkung eines Profilfilters im Übergangsbereich kann im Spektrum eindeutig dargestellt werden. Die Durchlasskurven der üblichen Filter sehen in dieser Darstellung S-förmig aus. Dabei wird eine logarithmische Darstellung gewählt, um einen großen Wellenlängenbereich darstellen zu können.

6.1 Die Grenzwellenlänge des Filters λc

Die Grenzwellenlänge eines Profilfilters ist diejenige Wellenlänge, bei welcher der Filter die Amplitude einer Sinuswelle auf 50 % reduziert.

Durch Filterung eines Oberflächenprofils entstehen das Welligkeitsprofil und das Rauheitsprofil. Bestimmende Größe für die Grenze zwischen Welligkeit und Rauheit ist die Grenzwellenlänge. Sie entspricht der Maschenweite des Siebes, um Steine vom feinkörnigen Material zu trennen.

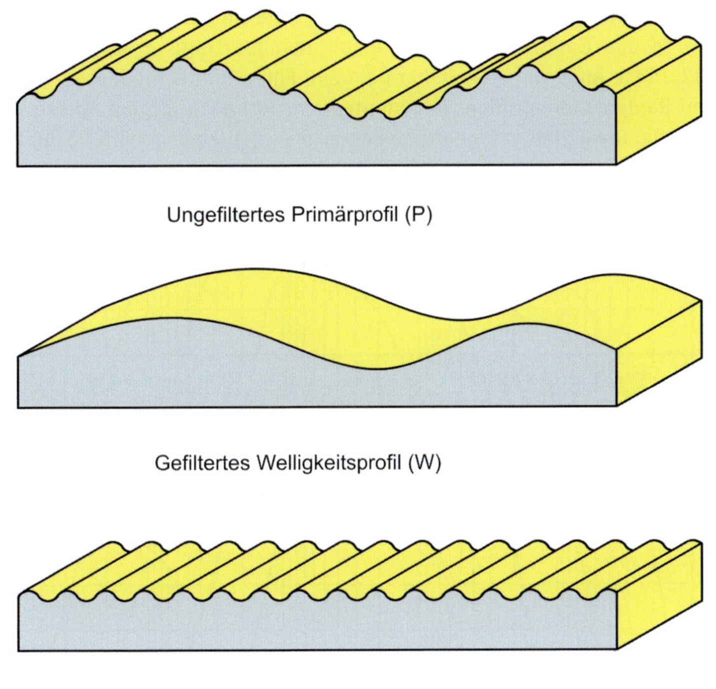

Abb. 81 – Aufteilung des Primärprofils in Welligkeits- und Rauheitsprofil

Die Auswirkung der Verwendung von unterschiedlichen Grenzwellenlängen auf ein Profil ist aus Abb. 81 zu ersehen. Mit abnehmender Grenzwellenlänge nimmt auch die Amplitude des Rauheitsprofils (gefiltert) ab. Gleichzeitig nimmt die Amplitude des Welligkeitsprofils zu. Die gemessenen Rauheitswerte, z. B. *Rz* und *Ra*, nehmen bei kürzerer Grenzwellenlänge ab.

6.2 Gaußfilter nach DIN EN ISO 16610-21:2013-06

Bei Verwendung des phasenkorrekten digitalen Gaußfilters werden die Verzeichnungen des Profils in senkrechter Richtung, bedingt durch plötzliche Änderung der Profilhöhe, verringert. Die Phasenverschiebung in waagerechter Richtung entfällt ganz. Seit 1990 ist das phasenkorrekte Gaußfilter festgelegt, zunächst in DIN 4777:1990-05 (zurückgezogene Norm), seit 1998 in DIN EN ISO 11562:1998-09 (zurückgezogene Norm) und seit 2012 in DIN EN ISO 16610-21 (aktuell gültig DIN EN ISO 16610-21:2013-06).

Bei der Grenzwellenlänge hat das 2RC-Filter eine Amplitudenübertragung von 75 %, und das Gaußfilter hat eine Amplitudenübertragung von 50 %, siehe Abb. 82. Diese Änderung gegenüber dem 2RC-Filter hat auf die Messergebnisse bei den Rauheitskenngrößen *Rmax* (entspricht *Rz1max*), *Rz* und *Ra* fast keine Auswirkung. Die erzielten Ergebnisse liegen im Allgemeinen innerhalb der natürlichen Streuung von Rauheitsmesswerten. In diesem Fall können neue und alte Geräte nebeneinander benutzt werden.

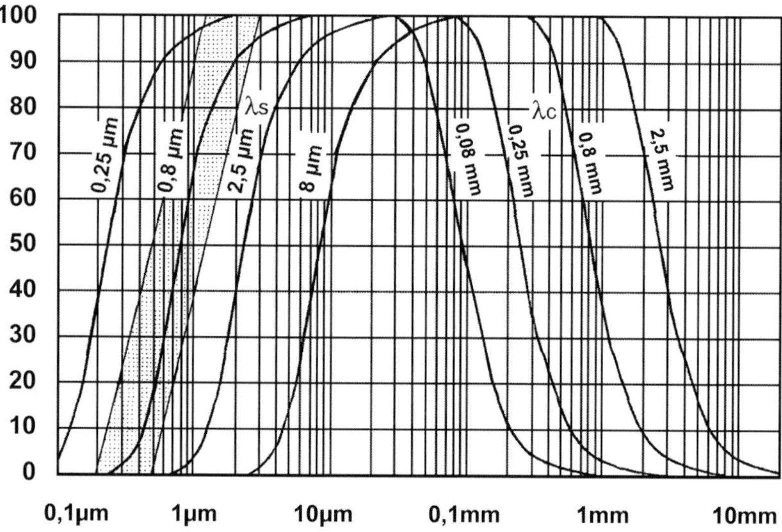

Abb. 82 – Filterübertragung des Gaußfilters nach DIN EN ISO 16610-21:2013-06
Eingezeichnet sind die Hoch- und Tiefpassfilterkurven für λc und λs

Das phasenkorrekte Gaußfilter wird am digitalisierten Profil bestimmt. Zur Bestimmung der mittleren Linie wird an jedem Punkt das gewichtete arithmetische Mittel der Ordinatenhöhen berechnet. Dazu verschiebt man ein schmales Fenster schrittweise über das ganze Profil und bestimmt in jeder Position den gaußförmig gewichteten Mittelwert der Profilhöhen innerhalb des Fensters.

Die Anwendung einer Gewichtsfunktion bedeutet, dass Riefen am Rande des Fensters weniger stark bewertet werden als solche in Fenstermitte. Dies erreicht man dadurch, dass alle Ordinatenhöhen innerhalb des Fensters mit einem variablen Faktor multipliziert werden, der in der Mitte maximal ist und nach beiden Seiten entlang einer Gauß-Kurve auf Null abnimmt. In Abb. 83 ist diese Gewichtsfunktion dargestellt.

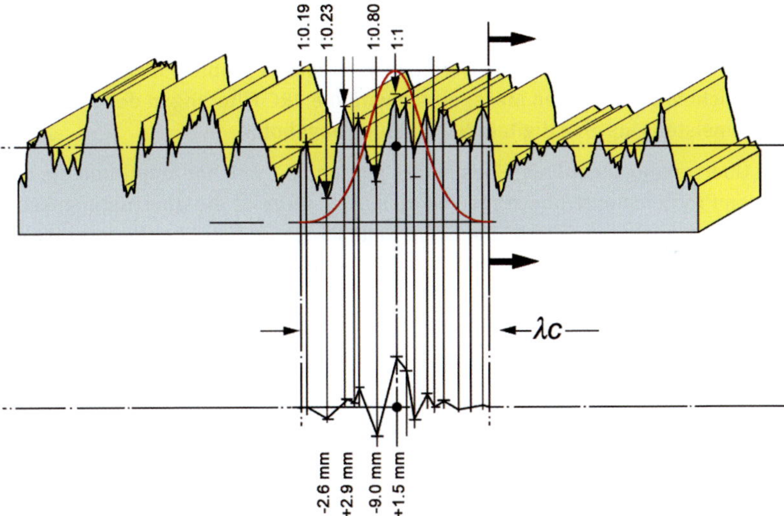

Abb. 83 – Gewichtsfunktion des phasenkorrekten Gaußfilters nach DIN EN ISO 16610-21:2013-06

Das Fenster müsste theoretisch sogar breiter als die eigentliche Messung sein, da die Gauß-Kurve selber unendlich ausgedehnt ist. In der Praxis werden Fensterbreiten verwendet, die an der Breite der Grenzwellenlänge λc orientiert sind. Zum Ein- und Ausschwingen des Filters muss die Messtrecke (P-Profil) länger als das gefilterte Profil sein (R-Profil). Üblich ist, dass das P-Profil um ein- bis zweimal λc länger als das R-Profil ist.

Die miteinander verbundenen Mittelwerte ergeben die Profilmittellinie, wie sie vom phasenkorrekten Filter gebildet wird. Das Rauheitsprofil ergibt sich als Differenz zwischen ursprünglichem Profil und dieser Mittellinie.

Der große Vorteil des phasenkorrekten Filters besteht darin, dass keine Phasenverschiebungen auftreten und Überschwinger bei plötzlichen Profiländerungen stark reduziert werden.

6.3 Analoge Filter (2RC-Filter)

Bis 1990 war das Standardfilter, mit dem alle Rauheits- und Welligkeitsparameter gemessen wurden, das analoge oder 2RC-Filter. Ab 1990 wurde für alle Messungen das phasenkorrekte Filter in den Normen festgelegt.

Das 2RC-Filter hatte vor allem in den analog arbeitenden Geräten der ersten Generation seine Berechtigung. Die Filterung mit Hilfe einer Schaltung aus Widerständen (R) und Kondensatoren (C) war die einzige Möglichkeit, welche die damaligen Geräte zuließen. Da Kondensatoren altern, war die regelmäßige Überprüfung der Filtercharakteristik für diese Geräte ein wichtiger Überwachungspunkt. Neue digital arbeitende Geräte kennen dieses Problem nicht. Wegen der Vergleichbarkeit mit alten Messgeräten wird die 2RC-Filterung in den neuen Geräten meistens als eine digitale Nachbildung angeboten.

Die Übertragungskennlinie eines Filters gibt an, mit welcher Amplitude die einzelnen Profilelemente übertragen werden. Abb. 84 zeigt die Übertragungskennlinie eines analogen Filters. Die Grenzwellenlänge λc beim Analogfilter ist die Länge einer Sinuswelle, die mit 75 % ihrer Amplitude übertragen wird.

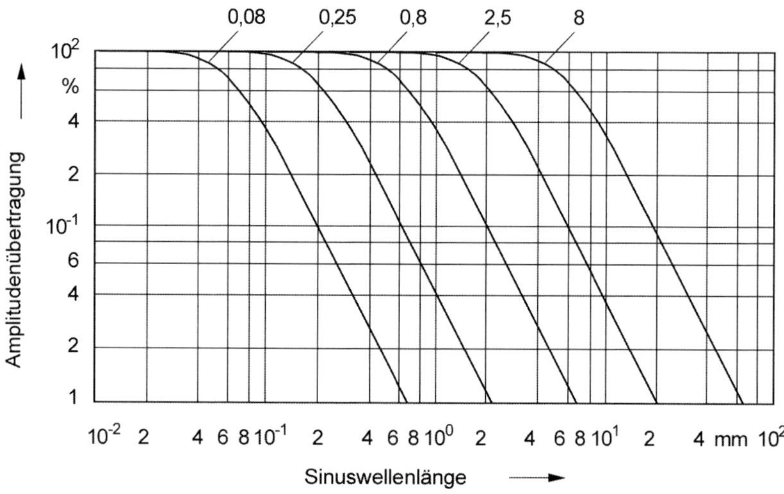

Abb. 84 – Filtercharakteristik für das Rauheitsprofil (2RC-Hochpassfilter) der zurückgezogenen DIN 4777:1990-05

Bei sinusförmigen Profilen funktioniert das Analogfilter recht gut, jedoch nur wenige Profile technischer Oberflächen verlaufen annähernd sinusförmig. Bei sehr vielen technischen Oberflächen ergeben sich Einschwingvorgänge durch das Filter, die Phasenverschiebungen und Überschwingungen am gefilterten Profil zur Folge haben.

6.4 Sonderfilter nach Normenreihe DIN EN ISO 13565 (*Rk*)

Bei stark asymmetrischen Profilen liefert auch das phasenkorrekte Filter Verzeichnungen in senkrechter Richtung. Die gefilterten Profile enthalten nach oben herausragende Spitzen, die im ungefilterten Profil nicht vorhanden sind.

Dieser Effekt tritt besonders bei plateau-gehonten oder geläppten, bei porösen oder gesinterten Flächen auf.

Um diesen Effekt zu unterdrücken, wurde speziell für die Ermittlung des *Rk*-Wertes (Kenngröße für stark asymmetrische Profile) ein Sonderfilter nach Normenreihe DIN EN ISO 13565 (zuvor DIN 4776:1990-05, zurückgezogen) entwickelt. Die Filtertechnik ist in Abb. 85 dargestellt und umfasst drei Schritte:

1. Das Oberflächenprofil wird mit dem phasenkorrekten Filter nach DIN EN ISO 16610-21:2013-06 gefiltert, um die erste Mittellinie zu erhalten. Alle Riefen unter der Mittellinie werden anschließend unterdrückt.
2. Das ungefilterte Profil ohne die unterdrückten Riefen durchläuft nochmals dasselbe phasenkorrekte Filter, woraus sich die zweite Mittellinie ergibt.
3. Die beim zweiten Filterdurchlauf entstandene Mittellinie wird dem ursprünglichen ungefilterten Profil überlagert. Durch Differenzbildung zwischen ungefiltertem Profil und zweiter Mittellinie entsteht das Rauheitsprofil für die Ermittlung des *Rk*-Wertes.

Nach Normenreihe DIN EN ISO 13565 sollen für das *Rk*-Filter nur die Wellenlängen 0,8 mm und 2,5 mm angewendet werden. Im Zweifelsfall ist die Grenzwellenlänge λc zu wählen, die zum kleinsten Wert für *Rk* führt.

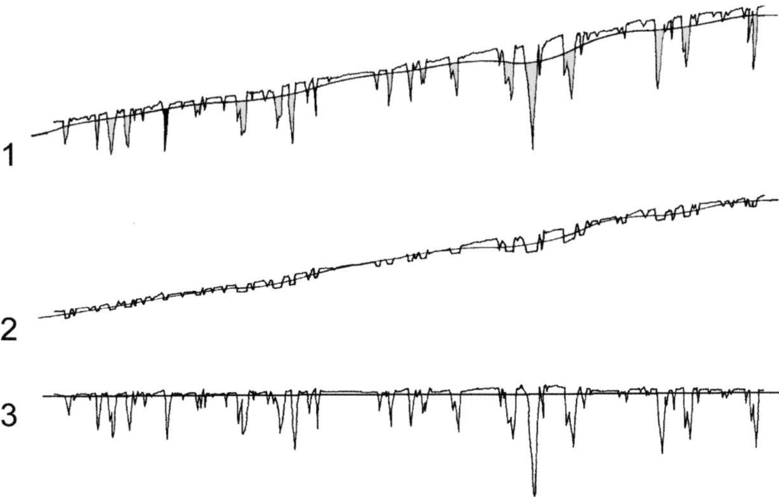

Abb. 85 – Sonderfilter nach DIN EN ISO 13565-1:1998-04

Das Sonderfilter nach Normenreihe DIN EN ISO 13565 wird ausschließlich zur Berechnung von *Rk* und der dazu gehörenden Kenngrößen verwendet.

Abb. 86 zeigt den Vergleich der drei beschriebenen Filterarten. Das ungefilterte Profil zeigt eine typische Plateauform und leichte Welligkeit. Das phasenkorrekte Filter beseitigt die Welligkeit, ohne das Gesamtprofil zu verzerren, gibt aber nach tiefen Riefen die folgenden Spitzen ebenfalls leicht überhöht wieder. Das Sonderfilter nach Normenreihe DIN EN ISO 13565 beseitigt die Welligkeit, gibt aber das Rauheitsprofil verzerrungsfrei wieder.

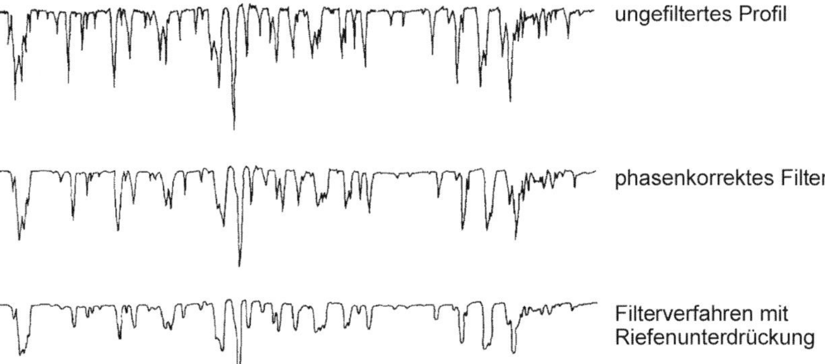

Abb. 86 – Vergleich verschiedener Filterarten

Mittlerweile wurden die Filterverfahren weiterentwickelt. Es ist denkbar, dass eines dieser neuen Filter das Sonderfilter nach Normenreihe DIN EN ISO 13565 ablösen wird, siehe Abschnitt 9.2.2.

7 Messunsicherheit

Eine pauschale Aussage über den vom Oberflächenmessgerät verursachten Anteil an der Messunsicherheit ist nur eingeschränkt möglich. Als erste Orientierung kann die Güteklasseneinteilung nach DIN 4772:1979-11 (zurückgezogene Norm) dienen. Die dort definierte Klasse 1 ergibt eine „Genauigkeit von besser als 5 %". Diese Angabe ist lediglich eine erste Orientierung, siehe Abschnitt 5.2.

Aussagefähiger ist die Berechnung der aufgabenbezogenen Messunsicherheit. Das so ermittelte Messunsicherheitsbudget berücksichtigt sowohl das Werkstück, die gewählte Oberflächenkenngröße und den vorgegebenen Zahlenwert sowie das verwendete Oberflächenmessgerät als auch die momentanen Umgebungsbedingungen und die zum Abgleich benutzten Referenznormale.

Die hier beschriebene Messunsicherheitsermittlung orientiert sich an der Messung von **Präzisionsoberflächen**. Diese Oberflächen sind sehr gleichmäßig und daher den Oberflächennormalen nach der Normenreihe DIN EN ISO 5436 ähnlich. Wegen der immer vorhandenen Streuung der Messwerte auf der Oberfläche werden mehrere Messungen, z. B. 12 Wiederholungen, durchgeführt und der Mittelwert der interessierenden Kenngröße gebildet. Die Messungen werden systematisch nach einem sogenannten Messstellenplan über den betrachteten Oberflächenabschnitt verteilt.

Die Berechnung der Messunsicherheit wird im Folgenden am Beispiel der am häufigsten angewendeten Kenngröße **gemittelte Rautiefe *Rz*** beschrieben. Die Berechnung ist ebenfalls auf solche Oberflächenkenngrößen übertragbar, die im Wesentlichen von der vertikalen Differenz der Profilpunkte abhängen.

7.1 Theorie

In diesem Abschnitt wird ein Modell des Messvorgangs aufgestellt. Die einzelnen Eingangsgrößen werden im Abschnitt 7.2 aufgelistet. Das Ergebnis des Modells ist die Aufstellung des Messunsicherheitsbudgets in Form von Tab. 15.

Für ähnliche Messungen brauchen die einzelnen Eingangsgrößen nur noch an den passenden Stellen eingesetzt und die resultierende erweiterte Messunsicherheit berechnet zu werden.

Unsicherheitsangaben sind als ±-Werte zu verstehen. Bei sehr kleinen Kenngrößen, wie z. B. der Rauheit auf einem Planglas, kann die Unsicherheit größer als die Kenngröße selber sein. In diesem Fall ist als kleinster möglicher Wert des 95%-Vertrauensbereiches der Wert Null anzunehmen und nicht etwa eine negative Zahl.

Häufig wird statt des Begriffs Messunsicherheit vereinfachend Unsicherheit benutzt. Abkürzend wird der gleiche Begriff auch für Standardmessunsicherheit verwendet.

Der Übersichtlichkeit halber werden Standardmessunsicherheiten u angegeben, also nicht als Varianzen in quadrierter Form.

Für die Einbeziehung der verschiedenen Unsicherheitsbeiträge in das Messunsicherheitsbudget werden sie jeweils so umgerechnet, als ob die zugrunde liegende Verteilung Gauß-Charakter hätte.

Die resultierende Erweiterte Messunsicherheit U wird auf Basis eines Vertrauensniveaus von ca. 95 %, also mit dem Faktor $k = 2$ gebildet.

Abkürzungen und Definitionen für die Kenngrößen wurden nach Möglichkeit aktuellen internationalen Normen entnommen.

Zeichenerklärung für die Eingangsgrößen des Messunsicherheitsbudgets:

gelb = Messwerte des Prüflings

blau = Konstanten der Messanlage

rot = Filterbedingungen der Auswertung

7.1.1 Mathematisches Modell

Die einzelnen Unsicherheitsbeiträge können nur richtig berücksichtigt werden, wenn ihre Bedeutung für den gesamten Messvorgang klar ist. Dazu wird der Messvorgang durch ein mathematisches Modell nachgebildet.

7.1.1.1 Profilpunkte

Der Wert eines einzelnen Profilpunkts im gemessenen Profil besteht aus der Summe des Messwertes M und des Korrekturwertes δM:

$$P = M + \delta M.$$

Es werden n Wiederholungsmessungen nach Messstellenplan durchgeführt, deren empirische Standardmessunsicherheit in Abschnitt 7.2.4 berücksichtigt wird.

Die Grenzwellenlänge λc und das Kurzwellenfilter λs werden nach Tab. 8 entsprechend DIN EN ISO 4288:1998-04 eingestellt. Für die gängigen Rauheitsfilterwerte λc bis 0,8 mm ist der Kurzwellenfilter λs = 2,5 µm festgelegt. Der Wert für den Kurzwellenfilter λs wird gewöhnlich nicht direkt als Zahlenwert, sondern als Verhältnis zum Rauheitsfilterwert λc angegeben.

Die Eingangsgrößen lassen sich nach ihrer Herkunft und der Wellenlänge zusammenfassen:

1. Kurzwellige Abweichungen δK
   - Wellenlänge $\lambda < \lambda c$
   - Ursache: mechanische und elektrische Schwingungen in der Messapparatur
   - Die Profilpunkte sind voneinander unabhängig bzw. es besteht keine Korrelation.
2. Langwellige Abweichungen δL
   - Wellenlänge $\lambda >> \lambda c$
   - Ursache: Empfindlichkeitsabweichungen und Drift in der Messapparatur
   - Die Profilpunkte sind voneinander abhängig, bzw. es besteht Korrelation.

Kurz- und langwellige Messunsicherheitsbeiträge können auch aus anderen Quellen stammen, z. B. dem Taster. Im Abschnitt 7.2 werden die möglichen Beiträge einzeln aufgelistet.

Für einen einzelnen Profilpunkt einer einzelnen Messung summieren sich die Beiträge zu

$$P_i = M_i + \sum_{j=1}^{s} \delta K_{i,j} + \sum_{j=1}^{t} \delta L_{i,j},$$

wobei i der Laufindex für die aufeinanderfolgenden Messwerte des Profils ist. Die Grenzen s und t geben die Anzahl der in der jeweiligen Gruppe relevanten Komponenten an. Die hier interessierende Messunsicherheit steckt ausschließlich in den beiden Termen mit den Summen.

Bei der Aufstellung des Messunsicherheitsbudgets wird so weit wie möglich die Standardmessunsicherheit des einzelnen Profilpunktes betrachtet. Nach Addition der auf den Profilpunkt bezogenen Beiträge wird die Auswirkung auf die zu berechnende Kenngröße ermittelt. Anschließend kommen noch weitere, auf die Kenngröße bezogene Unsicherheitsbeiträge hinzu.

7.1.1.2 Kenngröße: Gemittelte Rautiefe *Rz*

Die Rautiefe *Rz* ist innerhalb einer Einzelmessstrecke definiert als der vertikale Abstand der höchsten zur kleinsten Profilerhebung:

$$Rz = P_{\mathrm{max}} - P_{\mathrm{min}} \quad (1)$$

Die Streuung der einzelnen Messungen wird in Form der empirischen Standardabweichung des Mittelwertes in Abschnitt 7.2.4 berücksichtigt. Die der Kenngröße innewohnende Mittelung über die fünf Einzelmessstrecken wird an dieser Stelle nicht explizit betrachtet.

Vereinfachend wird davon ausgegangen, dass die Messunsicherheiten in gleicher Weise für die Werte der Kenngrößen *Ra* und *Rmax* bzw. *Rz1max* gelten.

7.1.2 Filterfaktor *c*

Da die Eingangswerte in der Regel nicht korreliert sind, reduziert sich die Unsicherheit des einzelnen Profilpunktes um den Faktor c mit

$$c = \sqrt{\frac{\Delta x}{\alpha \, \lambda s \, \sqrt{2}}} \tag{2}$$

Dabei ist Δx der Messpunktabstand und α eine Konstante mit dem Wert von etwa

$\alpha = 0{,}4697.$

Der Zahlenwert für c wird umso kleiner, d. h. die Reduzierung der Unsicherheit umso größer, je mehr Datenpunkte sich innerhalb der Filterbreite λs befinden.

In Tab. 10 sind Werte gelistet, die c auf dem verwendeten Rauheitsmessgerät annehmen kann.

Tab. 10 – Filterfaktoren c als Funktion von λs und Messpunktabstand Δx

λc / mm	λs / µm	$\lambda c/\lambda s$	Δx / mm	c
0,08	2,5	30	0,5	0,55
0,25	2,5	100	0,5	0,55
0,80	2,5	300	0,5	0,55
2,50	8,0	300	1,5	0,53
8,00	25,0	300	5	0,55

Der Filterfaktor c für die Standardmessbedingungen bei Rauheit liegt also praktisch immer bei

$c = 0{,}55.$

Bei Welligkeitskenngrößen kann der Filterfaktor deutlich abweichen und wird nach Gleichung (2) mit λc anstelle von λs berechnet.

7.1.2.1 Unsicherheit des einzelnen Profilpunktes

Die Unsicherheit des einzelnen Profilpunktes ergibt sich durch quadratische Addition der einzelnen Unsicherheiten

$$u(P_i) = \sqrt{c\sum_{j=1}^{s} u\left(\delta K_{i,j}\right)^2 + \sum_{j=1}^{t} u\left(\delta L_{i,j}\right)^2} \tag{3}$$

wobei c der Filterfaktor nach Gleichung (2) ist. Der Filterfaktor wirkt sich also nur bei den kurzwelligen Anteilen aus.

7.1.3 Unsicherheit der gemittelten Rautiefe *Rz*

Die gemittelte Rautiefe *Rz* wird in diesem Abschnitt als ein repräsentatives Beispiel für Vertikalkenngrößen verwendet.

Die Unsicherheit der Kenngröße ergibt sich zu

$$u_c(Rz) = \sqrt{(2\,u(P))^2 + \left(\frac{s(Rz)}{\sqrt{n}}\right)^2 + u_{sys}{}^2(Rz)} \tag{4}$$

wobei vereinfachend angenommen wird, dass die Unsicherheit für alle Profilpunkte gleich ist und die Punkte untereinander nicht korreliert sind. Der zweite Term berücksichtigt die stochastische Streuung. Dieser Unsicherheitsbeitrag wird durch die Streuung des Mittelwertes (aus n Messungen) der Kenngröße nach Abschnitt 7.2.4 berücksichtigt.

Der dritte Term berücksichtigt weitere Komponenten, die erfahrungsgemäß bei der Messung der Kenngröße auftreten.

7.2 Unsicherheitsbeiträge

Die einzelnen Unsicherheitsbeiträge werden in Gruppen zusammengefasst. So weit möglich, wird zu jedem Unsicherheitsbeitrag ein typischer Wert angegeben, der als Eingangsgröße in Tab. 15 übernommen wird. Für eine aktuelle Messaufgabe muss hier der gemessene Wert eingesetzt werden.

7.2.1 Vorschub und Schwingungsisolierung

Die Messwertaufnahme des Tasters wird bei Rauheitsmessungen durch Impulse vom Weggeber der x-Achse gesteuert. Der nach DIN EN ISO 3274:1998-04 maximal zugestandene Messpunktabstand wird nicht überschritten.

Die Positionsunsicherheiten der x-Achse werden nicht explizit berücksichtigt. Es wird davon ausgegangen, dass sich bei den kurzwelligen Komponenten die Positionsunsicherheiten als Unsicherheiten in den Tasterwerten bemerkbar machen und schon bei den entsprechenden Messungen zu Formabweichung und Grundstörung berücksichtigt sind. Bei langwelligen Anteilen wird davon ausgegangen, dass die resultierende Tasterabweichung zu vernachlässigen ist.

Ältere bzw. kleinere Rauheitsmessgeräte arbeiten oft mit geschwindigkeitsgesteuerten Vorschubapparaten. In diesem Fall muss sichergestellt werden, dass der Vorschub gleichmäßig und mit der richtigen Geschwindigkeit läuft.

7.2.1.1 Grundstörungen (Rauschen) δK_1

Stationäre Oberflächenmessgeräte weisen im Bereich optimaler Geschwindigkeit (um 0,2 mm/s) geringe Grundstörungen auf. Die zu verwendene Geschwindigkeit ist die gleiche wie bei der Mesung auf dem Prüfling. Die dabei auftretenden Grundstörungen werden mit Messungen an einem hochgenauen Planglas ermittelt.

Der Grundstörungswert wurde in diesem Beispiel als *Rz0*-Wert nach Abschnitt 5.4 zu

$$\frac{Rz0}{2} = 20 \text{ nm}$$

bestimmt. Dieser Wert muss als Eingangsgröße in das Messunsicherheitsbudget in Tab. 15 eingesetzt werden.

Da die Grundstörungen wesentlich von regelmäßigen Schwingungen aufgrund von Motor- oder Getriebevibrationen sowie mechanischen Resonanzen im Messkreis stammen, wird eine für Sinusschwingungen typische U-förmige Amplitudenverteilung für die Grundstörungen angenommen.

Eine U-förmige Amplitudenverteilung ist um den Faktor $\sqrt{2}$ breiter als eine Gauß-Verteilung und muss für den Unsicherheitsbeitrag entsprechend umgerechnet werden.

Der Filterfaktor c wird für die in diesem Beispiel gewählten Messbedingungen aus Tab. 10 zu

$$c = 0{,}55$$

bestimmt.

Unsicherheitsbeitrag aufgrund von **Grundstörungen (Rauschen)**:

→ $u(\delta K_1) = \boxed{20 \text{ nm}} \times 0{,}707 \times \boxed{0{,}55} = 8 \text{ nm}$

7.2.1.2 Führungsabweichungen δL_1

Bei Rauheitsmessungen wird der Taster mit Hilfe eines linearen Vorschubgerätes über die Werkstückoberfläche geführt.

Von den Führungsabweichungen des Vorschubs sind nur die Anteile interessant, die sich nach der Rauheitsfilterung noch auswirken. Die Führungsabweichung wird daher aus dem W-Profil als Kenngröße *Wt* erfasst. *Wt* wird aus 5 Wiederholmessungen gemittelt. Als Filter wird $\lambda c = 0{,}8$ mm eingestellt.

Zum Test der Führungsabweichungen wird anstelle des Werkstücks ein hochgenaues Planglas verwendet.

Der Taster muss sich dazu in der gleichen Position befinden wie bei der eigentlichen Messung auf dem Werkstück. Dies gilt insbesondere für Querabtastungen.

Die Führungsabweichungen des Vorschubs sind im Wesentlichen langwelliger Natur. Die Führungsabweichungen bei den längeren Messstrecken sind mehr ein Effekt der Messdauer. Typische Messaufbauten mit Vorschubgeräten an Messsäulen zeigen in normaler, nicht abgeschirmter Umgebungsluft Fluktuationen von ca. ±0,1 µm für Messzeiten ab ca. 10 s.

Tab. 11 – Welligkeitswerte als Maß für die Führungsabweichungen von Vorschubgeräten

Messstrecke / mm	***Wt* / nm**
4	20
12,5	40
40	100

In das Messunsicherheitsbudget gehen Unsicherheiten als ±-Werte ein. Daher wird die Hälfte von *Wt* angesetzt.

In diesem Beispiel wird für die Messstrecke $lt = 4$ mm ein Wert von

$$\frac{Wt}{2} = 10\ \text{nm}$$

angenommen. Da die Profilpunkte korreliert sind, wird der Filterfaktor c nicht angewendet ($c = 1$).

Als Verteilung wird eine Rechteckverteilung angenommen, deren Breite um den Faktor $\sqrt{3}$ größer ist als eine Gauß-Verteilung und für den Unsicherheitsbeitrag entsprechend umgerechnet werden muss.

Unsicherheitsbeitrag aufgrund von **Führungsabweichungen**:

→ $u(\delta L_1) = \boxed{10\ \text{nm}} \times 0{,}577 = 6\ \text{nm}$

7.2.1.3 Drift während einer Messung δL_2

Als Drift bezeichnet man die langsame, stetige Veränderung des Messaufbaus während einer einzelnen Messung.

Die Drift würde sich in Form einer nicht wiederholbaren zusätzlichen Profilneigung bemerkbar machen.

Grund für das gelegentliche Auftauchen von Messungen mit signifikanten Drifteffekten kann z. B. das Öffnen einer Tür und der damit verbundene Luftzug während einer Messung sein. Einzelmessungen mit erkennbar starken Drifteffekten dürfen nicht verwendet und müssen wiederholt werden.

Die Restabweichung, die nach Aussondern von Messungen mit signifikanten Drifteffekten verbleibt, ist schon in den Führungsabweichungen enthalten und wird im Messunsicherheitsbudget nicht explizit aufgeführt.

Rauheitskenngrößen reagieren nur indirekt auf die Ausrichtung des Profils. Die schwachen Fehlausrichtungen aufgrund von Drift dürfen daher vernachlässigt werden. Sie werden entsprechend im Messunsicherheitsbudget in Tab. 15 nicht aufgeführt.

Unsicherheitsbeitrag aufgrund von **Drift**:

→ $u(\delta L_2) = 0$ nm

7.2.2 Tastsystem

Die Antastung erfolgt mechanisch mit einer nach DIN EN ISO 3274:1998-04 genormten Tastspitze. Es wird immer mit der in derselben Norm vorgeschriebenen Antastkraft gemessen, und es wird angenommen, dass sich weder Messobjekt noch Taster signifikant verbiegen.

Das Tastersignal wird digitalisiert. Je nach Gerät und ggf. Messbereich resultiert daraus eine unterschiedliche Auflösung, die explizit berücksichtigt wird.

Das Tastersignal wird durch statistische Größen wie Rauschen und Auflösung sowie durch systematische Unsicherheitsquellen, Empfindlichkeit und Nichtlinearität beeinflusst.

Der Unsicherheitsbeitrag hängt teilweise von den Beträgen der jeweiligen Größe *Rz* ab, weswegen dann die auf den Wert der Kenngröße selber bezogene relative Unsicherheit

$$w(x) = \frac{u(x)}{|Rz|}$$

angegeben wurde. In das Messunsicherheitsbudget wird als Eingangsgröße das w eingetragen und dort mit dem Messwert von *Rz* multipliziert. In das Messunsicherheitsbudget können wahlweise auch die absoluten Werte eingesetzt werden.

7.2.2.1 Dynamische Eigenschaften δK_2

Die Abweichungen aufgrund unzureichender Dynamik des Tasters werden für die Messung von Präzisionsoberflächen vernachlässigt, da keine Änderung der Oberflächenmesswerte innerhalb des zulässigen Messgeschwindigkeitsbereiches zu beobachten ist (abgesehen von einer Zunahme der Grundstörungen).

Unsicherheitsbeitrag aufgrund der **Tasterdynamik**:

→ $u(\delta K_2) = 0$ nm

7.2.2.2 Umkehrspanne und Auflösung δK_3

Die Umkehrspanne des Tasters soll regelmäßig mit Hilfe eines Tiefeneinstellnormals überprüft werden. Sollte eine Umkehrspanne nachweisbar sein, muss eine Reparatur des Tasters veranlasst werden.

Die Umkehrspanne liegt bei hochwertigen Oberflächentastern unterhalb der Nachweisgrenze.

Das Rauschen des Tastsystems ist schon in den Grundstörungsmessungen enthalten und wird dort berücksichtigt.

Die Auflösung wird stets so gewählt, dass sich der kleinstmögliche Wert ergibt. Die Auflösung hängt fest vom Messbereich ab und wird im Unsicherheitsbudget explizit berücksichtigt.

Tab. 12 – Auflösung in den elektrischen Messbereichen

Messbereich / µm	Auflösung / nm
8	1
80	10

Präzisionsoberflächen haben in der Regel kleine Rauheitswerte. Sie werden daher im hochauflösenden Messbereich gemessen. Die Eingangsgröße für das Messunsicherheitsbudget ergibt sich als halber Auflösungswert des verwendeten kleinsten Messbereichs.

Als Verteilung wird eine Rechteckverteilung angenommen.

Unsicherheitsbeitrag aufgrund der **Umkehrspanne und Auflösung**:

→ $u(\delta K_3) =$ 0,5 nm × 0,577 × 0,55 = 0,2 nm

7.2.2.3 Empfindlichkeit δL_3

Das Messgerät wird mit einem rückgeführten Normal justiert. Das Referenznormal wird immer im gleichen Messbereich wie der Prüfling gemessen, so dass Umschaltabweichungen zwischen den Messbereichen entfallen.

Je nach Prüfling kommen unterschiedliche Referenznormale zum Einsatz.

Tab. 13 – Rückführungsunsicherheit (einfach, $k = 1$) bzw. Empfindlichkeits- oder Verstärkungsabweichung aufgrund der kalibrierten Messunsicherheit des Referenznormales (PTB)

Messbereich / µm	Referenznormal / µm	w / %
8	9	0,13 %
80	90	0,07 %

Die Größe dieses Unsicherheitsbeitrags hängt im Wesentlichen von der Genauigkeit des Referenznormales ab. Die Messunsicherheit kann dem Kalibrierschein entnommen werden. Dort ist sie in der Regel mit dem Erweiterungsfaktor $k = 2$ für ein Vertrauensniveau von ca. 95 % angegeben. Dieser Faktor muss wieder rückgängig gemacht werden, da die einzelnen Unsicherheitsbeiträge auf Basis der Standardmessunsicherheit, also für $k = 1$, addiert werden.

Die Messung von Präzisionsoberflächen wird meistens im kleinsten Messbereich durchgeführt. Für dieses Beispiel ergibt sich daher als Eingangsgröße für das Messunsicherheitsbudget der Wert $w = 0{,}13\,\%$. Dieser muss dort mit dem für dieses Beispiel angenommenen Messwert für *Rz* = 7,5 µm multipliziert werden.

Es ergibt sich ein Absolutwert des Unsicherheitsbeitrags aufgrund der **Empfindlichkeit** ($k = 1$) von:

→ $u(\delta L_3) = 0{,}13\,\% \times 7{,}5\,\mu m = 10\,nm$

7.2.2.4 Linearitätsabweichung δL_4

Wenn sich die Auslenkung des Tasters den Grenzen der maximal möglichen mechanischen Auslenkung nähert, ändert sich die relative Empfindlichkeit des Tastersignals.

Übliche Rauheitstaster haben eine maximal mögliche mechanische Auslenkung von ±100 µm. Ausgewertet wird allerdings nur über einen wesentlich geringeren Weg, welcher durch die Einstellung des elektrischen Messverstärkers definiert ist. Der elektrische Messbereich legt daher die Auflösung und die Linearitätsabweichung fest.

Die Linearitätsabweichung des Tasters wird ermittelt, indem ein schräggestelltes Planglas über eine Strecke von ca. 10 mm abgefahren wird. Bei dieser Messung wird der Taster über den ganzen Bereich von ±100 µm ausgelenkt.

Die Führungsabweichungen der Vorschubbewegung können für diese Auswertung vernachlässigt werden. Ebenso wird davon ausgegangen, dass die Formabweichungen des Planglases vernachlässigbar klein sind.

Das mit dem Filter mit λs = 0,8 mm aufgezeichnete Profil wird ausgerichtet. Es wird dieses in Bezug auf die Taststrecke relativ starke Filter gewählt, da die Linearitätsabweichung induktiver Taster relativ gleichmäßig verläuft.

Bei Präzisionsmessungen wird der Taster nahezu symmetrisch um seine Nulllage ausgesteuert. Daher wird die Linearitätsabweichung für die verschiedenen Messbereiche symmetrisch von der Mitte des aufgezeichneten Gesamtprofils ausgewertet.

Für den kleinsten Messbereich von ±8 µm wird eine Zone von ±8 µm symmetrisch zur Nulllage aus dem Gesamtprofil ausgeschnitten. Von dieser Teilstrecke wird die Geradheit durch lineare Regression bestimmt. Der halbe Wert davon ergibt die ±-Linearitätsabweichung für diesen Messbereich.

Für die anderen Messbereiche wird analog verfahren.

Da für viele Messungen der Messbereich nicht voll ausgeschöpft wird und sich die Linearitätsabweichung auf den ungünstigsten Fall bei voller Aussteuerung bezieht, sind die tatsächlichen Unsicherheiten kleiner, so dass sich eine Abschätzung nach oben ergibt.

In Tab. 14 sind Linearitätsabweichungen für die zwei zum Einsatz kommenden Messbereiche aufgeführt.

Tab. 14 – Maximale Linearitätsabweichung eines induktiven Oberflächentasters in Abhängigkeit vom Messbereich

Messbereich / µm	± Linearitätsabweichung / %
8	0,02
80	0,2

Diese Werte werden regelmäßig überwacht. Wird der Ursprungswert um 50 % überschritten, muss eine Geräteüberprüfung veranlasst werden. Für dieses Beispiel wird als Eingangsgröße für das Messunsicherheitsbudget die Linearitätsabweichung des kleinsten Messbereichs zugrunde gelegt.

Unsicherheitsbeitrag aufgrund der **Linearitätsabweichungen**:

→ $u(\delta L_4)$ = 0,02 % × 7,5 µm = 1,5 nm

7.2.3 Unbekannte systematische Abweichungen

Unbekannte systematische Abweichungen decken die restlichen Unsicherheitsbeiträge ab:

- Interpretationsspielräume in den Algorithmen der Kenngrößen in DIN EN ISO 4287:2010-07

- Abweichungen in der Realisierung der Filter nach DIN EN ISO 16610-21: 2013-06
- Abweichungen der Tastspitze von der Nennform.

Diese Unsicherheiten werden bei regelmäßig durchgeführten Ringvergleichen unter DKD-Kalibrierlaboratorien ermittelt. Dazu werden Oberflächennormale nach DIN EN ISO 5436-1:2000-11 verwendet. Am Ringvergleich sind unterschiedliche Geräte mit unterschiedlichen Realisierungen der Algorithmen beteiligt.

Diese Unsicherheiten liegen für die gängigen Kenngrößen, Normaltypen und Messbereiche vor. Bei Messungen auf Werkstücken wird ersatzweise der Wert des Normals verwendet, welches die größte Ähnlichkeit zum gemessenen Werkstück hat.

Weitere denkbare Einflussgrößen sind:

- Temperatur
- Luftdruck, -temperatur und -feuchte
- Alterung des Referenznormals
- Plastische Verformung der Tastspitze.

Der Einfluss dieser Größen ist sehr gering und ebenfalls in den unbekannten systematischen Abweichungen enthalten.

Für die gemittelte Rautiefe *Rz* wird als Eingangsgröße für das Messunsicherheitsbudget der folgende Wert angenommen.

Unsicherheitsbeitrag aufgrund der **unbekannten systematischen Abweichungen**:

→ $u_{\text{sys}}(Rz) = 0{,}5\ \% \times 7{,}5\ \mu\text{m} = 38\ \text{nm}$

7.2.4 Streuung der Messwerte *s*(*Rz*)

Bei der Auswertung am Prüfling werden normalerweise

$n = 12$ Wiederholungsmessungen

durchgeführt. Von diesen Profilen wird jeweils die gewünschte Kenngröße, hier *Rz*, bestimmt. Aus den einzeln gemessenen Kenngrößen wird die empirische Standardabweichung berechnet.

In diesem Term macht sich zusätzlich eine möglicherweise vorhandene Verunreinigung der Oberfläche bemerkbar.

Für dieses Beispiel wurde eine empirische Standardabweichung von

$s(Rz) = 3{,}5\ \%$

angenommen, welche nach Division durch $\sqrt{n}$ als Eingangsgröße in das Messunsicherheitsbudget übernommen wird.

Empirische Standardabweichung der **Streuung des Mittelwertes** (n = 12):

→ $s(Rz)/\sqrt{n}$ = 1,01 % × 7,5 µm = 76 nm

7.3 Messunsicherheitsbudget

Tab. 15 bezieht sich auf die Kalibrierung von Präzisionsoberflächen bzw. auf andere Werkstücke mit vergleichbarer Oberfläche.

Die Zahlenwerte der Unsicherheitsbeiträge in der letzten Spalte ergeben sich durch die Multiplikation der davor stehenden Eingangsgrößen.

Tab. 15 – Messunsicherheitsbudget für die gemittelte Rautiefe *Rz* auf einer Präzisionsoberfläche; Verteilungsfaktor V: Gauß = 1, U = 0,707, Rechteck = 0,577; Filterfaktor c nach Tab. 10

Unsicherheitsbeiträge		**Eingangsgrößen**				u
		relativ	absolut			
		$w(x)$	Messwert	V	c	
Grundstörungen	$u(\delta K_1)$		20 nm	0,707	0,55	8 nm
Umkehrspanne und Auflösung	$u(\delta K_3)$		0,5 nm	0,577	0,55	0,2 nm
Führungsabweichungen	$u(\delta L_1)$		10 nm	0,577	1	6 nm
Empfindlichkeit (Referenznormal)	$u(\delta L_3)$	0,13 %	10 nm	1	1	10 nm
Linearitätsabweichung	$u(\delta L_4)$	0,02 %	1,5 nm	1	1	1,5 nm
... Unsicherheit einzelner Profilpunkt	$u(P)$					= 26 nm
Kenngrößendefinition *Rz*	$2\,u(P)$					52 nm
Streuung des Mittelwertes	$s(Rz)/\sqrt{n}$	1,01 %	76 nm	1	1	76 nm
Unbekannte system. Abw.	$u_{sys}(Rz)$	0,5 %	38 nm	1	1	38 nm
... komb. Standardunsicherheit	$u_c(Rz)$					= 166 nm
Erw. Messunsicherheit (k = 2)	$U(Rz)$					332 nm
Messergebnis	$Rz \pm U(Rz)$		**7,5 µm**			0,3 µm
Anzahl der Messungen	n	12				

Damit gilt:

$Rz = (7{,}5 \pm 0{,}3)$ µm,

wobei die Zahl nach dem Formelzeichen ± den Zahlenwert der erweiterten Unsicherheit $U = k\, u_c$ angibt.

U errechnet sich aus der kombinierten Standardmessunsicherheit u_c und einem Erweiterungsfaktor $k = 2$, der ein Intervall angibt, das einen geschätzten Grad des Vertrauens von ca. 95 % hat.

Wichtigste Komponente ist normalerweise die Streuung des Mittelwertes über einen Messstellenplan. Dies ist eine Eigenschaft des Werkstücks und kann nur durch eine genügend große Anzahl und richtige Verteilung der Einzelmessungen verbessert werden.

Die Unsicherheit aufgrund der Rückführung mit einem Referenznormal bzw. durch die Werkskalibrierung stellt einen weiteren wesentlichen Bestandteil im Budget dar, der nur unwesentlich weiter verkleinert werden kann.

Bei Einrichtung des Messplatzes sollten die Grundstörungen und die Führungsabweichungen keine dominanten Anteile zur gesamten Messunsicherheit liefern. Bei sehr feinen Oberflächen oder ungünstigen Umgebungsbedingungen oder unpassender Messbereichseinstellung können diese Beiträge allerdings sehr groß werden und sollten daher regelmäßig überwacht werden.

8 Zeichnungseintragungen

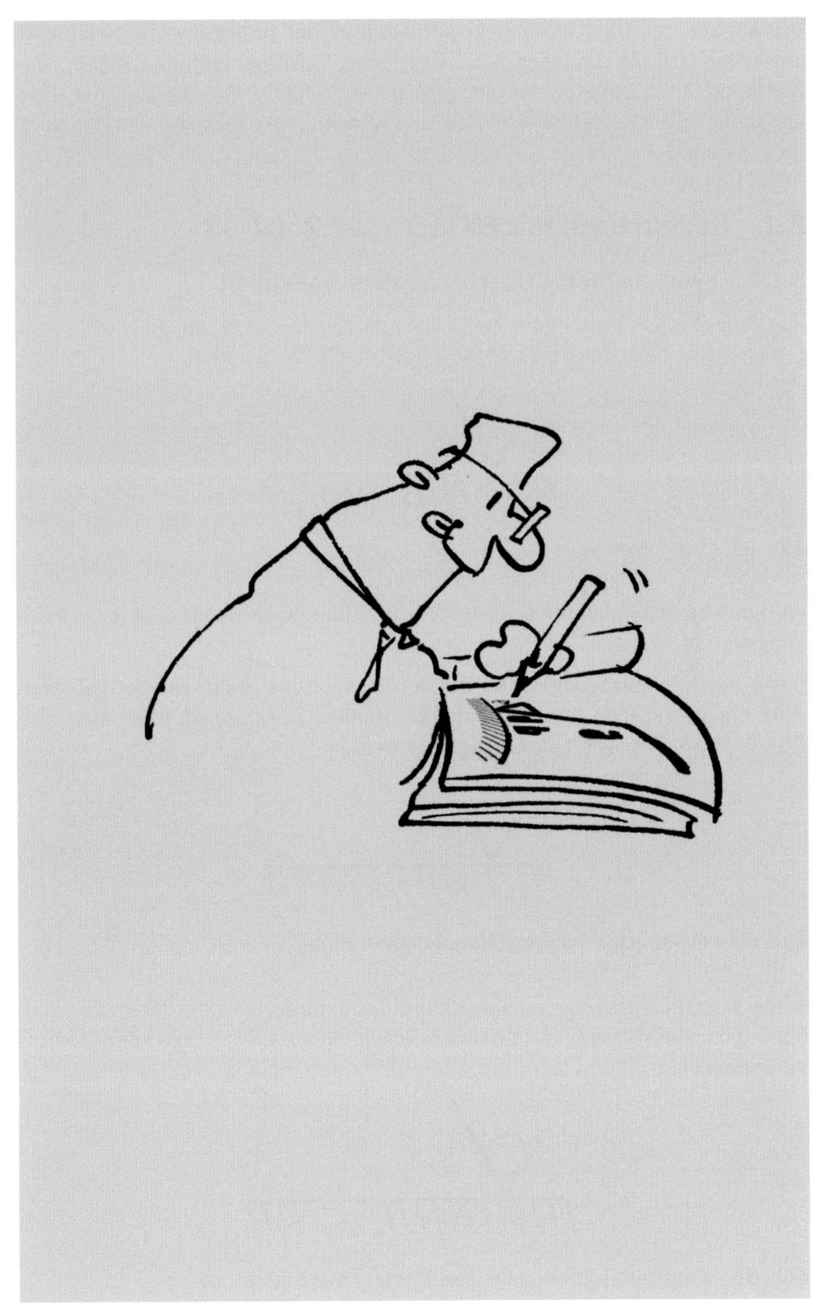

Die Angabe der Oberflächenbeschaffenheit in der technischen Produktdokumentation (z.B. Zeichnungen, Spezifikationen, Verträge) folgt den Regeln nach DIN EN ISO 1302:2002-08 mittels grafischer Symbole und zusätzlicher Textangaben. Im Folgenden wird nur auf die wesentlichen Festlegungen der Norm eingegangen.

8.1 Regeln nach DIN EN ISO 1302:2002-08

8.1.1 Symbole für die Oberflächenbeschaffenheit

Das Grundsymbol besteht aus zwei Linien ungleicher Länge, die unter 60° zu der Linie geneigt sind, welche die betreffende Oberfläche darstellt.

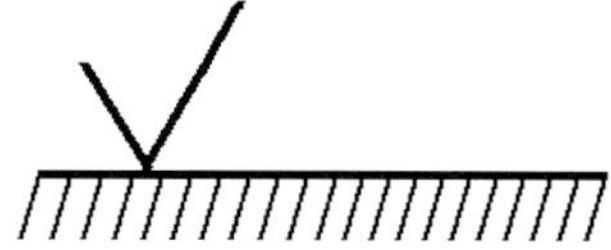

Abb. 87 – Grundsymbol

Wird das Grundsymbol ohne zusätzliche Information verwendet, ist jedes Fertigungsverfahren zulässig.

Wenn Materialabtragung, z.B. durch mechanische Bearbeitung, gefordert wird, um die gewollte Oberflächenbeschaffenheit zu erzeugen, dann muss dem Grundsymbol eine Querlinie hinzugefügt werden:

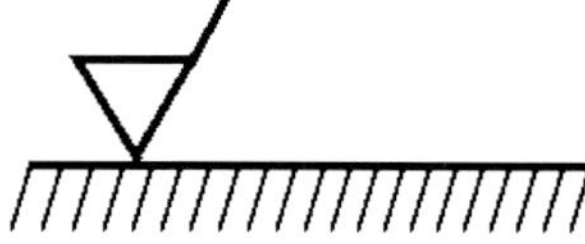

Abb. 88 – Erweitertes Symbol für Materialabtragung

Sollte Materialabtragung zur Erreichung der geforderten Oberflächenbeschaffenheit unzulässig sein, muss dem Grundsymbol ein Kreis in den Winkel hinzugefügt werden:

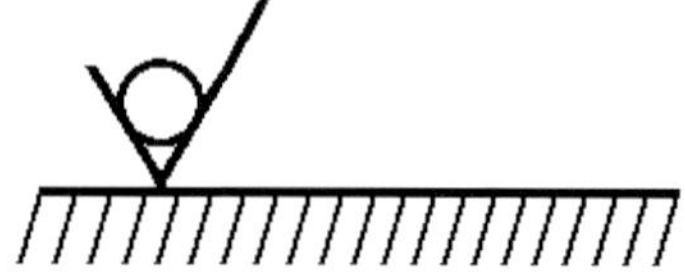

Abb. 89 – Erweitertes Symbol bei unzulässiger Materialabtragung

Soll für alle Flächen eines Werkstücks rundherum dieselbe Oberflächenbeschaffenheit gelten, so ist dem vollständigen Symbol ein Kreis hinzuzufügen:

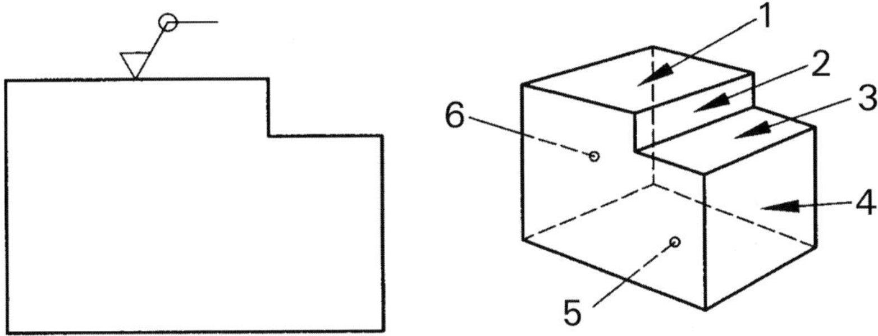

Abb. 90 – Erweitertes Symbol für Werkstücke mit rundherum gleicher geforderter Oberflächenbeschaffenheit

Wenn die Rundherum-Kennzeichnung nicht eindeutig ist, müssen die Oberflächen einzeln gekennzeichnet werden.

8.1.2 Oberflächenbeschaffenheit am vollständigen Symbol

Für die Beschreibung der Oberflächenbeschaffenheit werden in der deutschen Industrie folgende Kenngrößen häufig angewendet, siehe auch Abschnitt 3.1.1.

Für homogene Oberflächen:

- Gemittelte Rautiefe *Rz*
- Arithmetischer Mittenrauwert *Ra*
- Maximale Rautiefe *Rmax* (siehe auch *Rz1max*, Abschnitt 9.2.3)
- Wellentiefe *Wt*

Für porige und plateauartig beanspruchte Kontaktoberflächen:

- Reduzierte Spitzenhöhe *Rpk*
- Kernrautiefe *Rk*
- Reduzierte Riefentiefe *Rkv*

Die Motifkenngrößen nach DIN EN ISO 12085:1998-05, die in der französischen Automobilindustrie häufig angewendet werden, haben sich in der deutschen Industrie wegen fehlender Erfahrungen nicht durchsetzen können.

Die Positionen der verschiedenen Anforderungen an die Oberflächenbeschaffenheit am vollständigen Symbol sind in Abb. 91 dargestellt.

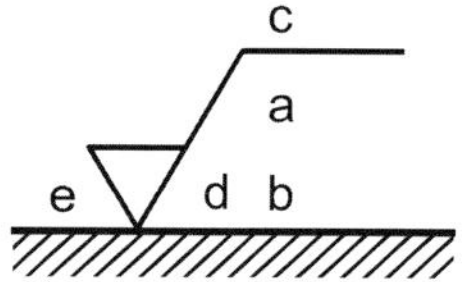

Abb. 91 – Positionen a bis e für die Angabe der Anforderungen:
a: Oberflächenkenngröße mit Zahlenwert in µm
b: zweite Anforderung (Oberflächenkenngröße mit Zahlenwert in µm)
c: Fertigungsverfahren
d: Angabe der Rillenrichtung
e: Bearbeitungszugabe in mm

Im Regelfall wird an **Position a** der höchstzulässige Rauheitswert eingetragen:

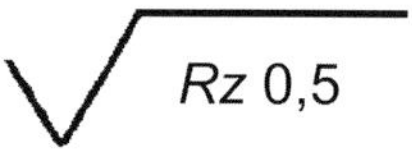

Rz 0,5

Abb. 92 – Beispiel: *Rz* = max. 0,5 µm

Ist ein Mindestwert gefordert, z.B. bei Beschichtungsgrundflächen, ist der Kenngröße der **Buchstabe L** (lower) voranzustellen:

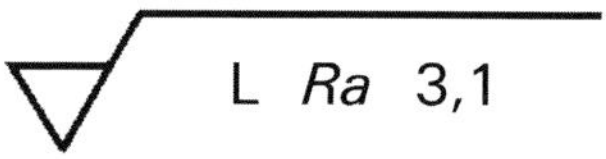

L *Ra* 3,1

Abb. 93 – Beispiel: *Ra* = min. 3,1 µm

Werden gleichzeitig ein oberer und ein unterer Grenzwert gefordert, so ist der Höchstwert an **Position a** und der Mindestwert an **Position b** anzugeben:

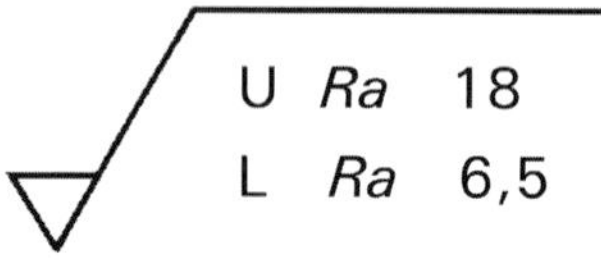

Abb. 94 – Beispiel: *Ra* = zwischen 6,5 µm und 18 µm

8.1.3 Bearbeitungsverfahren

In den meisten Fällen wird die Funktionstauglichkeit von Oberflächen vom angewandten Bearbeitungsverfahren stark beeinflusst. Deshalb ist die Angabe des Bearbeitungsverfahrens an der **Position c** am vollständigen Grundsymbol meistens notwendig:

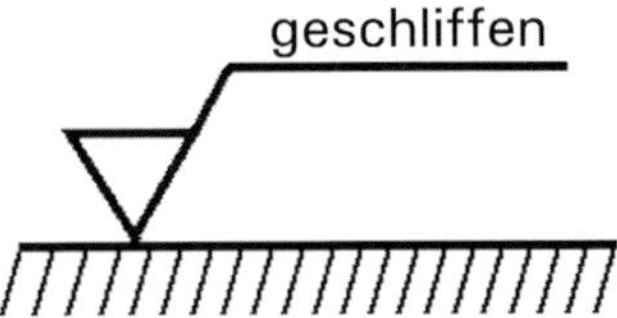

Abb. 95 – Angabe des Bearbeitungsverfahrens

An der Position c können auch Angaben zur Beschichtung vorgenommen werden.

8.1.4 Übertragungscharakteristik und Einzelmessstrecke

Im Allgemeinen ist die Oberflächenrauheit innerhalb einer Übertragungscharakteristik definiert. Dies ist der Wellenlängenbereich zwischen Kurzwellenfilter λs und dem Langwellenfilter λc nach DIN EN ISO 16610-21:2013-06. Die in Tab. 6 festgelegten Werte von λs und λc und deren Verhältniswerte gelten als Regelfall, der in der Zeichnungseintragung nicht angegeben wird.

Wenn vom Regelfall abgewichen werden soll, dann werden die Werte für das λs-Filter und das λc-Filter (durch ein Minuszeichen getrennt) **vor dem Rauheitswert** im vollständigen Grundsymbol angegeben:

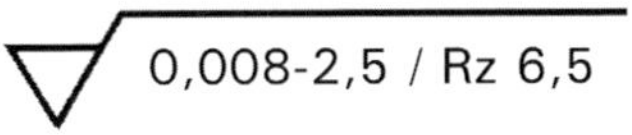

0,008-2,5 / Rz 6,5

Abb. 96 – Beispiel: *Rz* = max. 6,5 µm mit der Filterwahl λs = 0,008 mm und λc = 2,5 mm

8.1.5 Oberflächenrillenrichtung

Wird eine bestimmte Rillenrichtung verlangt, ist das für die Rillenrichtung zutreffende Symbol in der **Position d** am vollständigen Symbol einzutragen:

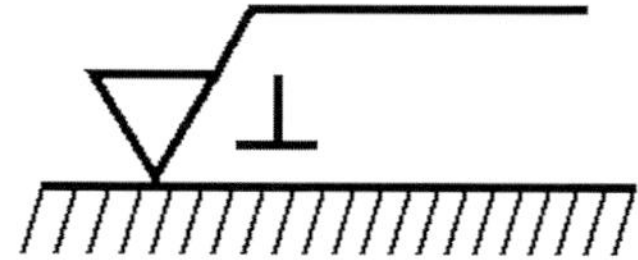

Abb. 97 – Beispiel: Die Bearbeitungsspuren sollen ungefähr senkrecht zur Projektionsebene der Ansicht weisen.

Daneben existieren weitere Zeichen zur Kennzeichnung für die Richtung der Oberflächenrillen, bezogen auf die Ansichtsebene in der technischen Zeichnung.

Tab. 16 – Symbole für die Rillenrichtung (Tabelle aus DIN EN ISO 1302:2002-06)

Graphisches Symbol	Auslegung und Beispiel	
=	Parallel zur Projektionsebene der Ansicht, in der das Symbol angewendet wird	Rillenrichtung
⊥	Rechtwinklig zur Projektionsebene der Ansicht, in der das Symbol angewendet wird	Rillenrichtung
X	Gekreuzt in zwei schrägen Richtungen zur Projektionseben der Ansicht, in der das Symbol angewendet wird.	Rillenrichtung
M	Mehrfache Richtungen	
C	Annähernd zentrisch zur Mitte der Oberfläche, auf die sich das Symbol bezieht	
R	Annähernd radial zur Mitte der Oberfläche, auf die sich das Symbol bezieht	
P	Nichtrillige Oberfläche, ungerichtet oder muldig	

ANMERKUNG Wenn es notwendig ist, eine Oberflächenstruktur festzulegen, die durch die angegebenen Symbole nicht eindeutig definierbar ist, so kann dies durch eine geeignete Anmerkung auf der Zeichnung erfolgen.

8.1.6 Bearbeitungszugabe

Die Bearbeitungszugabe wird angegeben, wenn mehrere Bearbeitungsstufen in derselben Zeichnung angegeben werden, z. B. in Rohteilzeichnungen von gegossenen oder geschmiedeten Werkstücken, in denen in der Rohteilzeichnung auch das Fertigteil dargestellt ist. In diesem Fall wird der Zahlenwert der Bearbeitungszugabe in der **Position e** am vollständigen Symbol eingetragen:

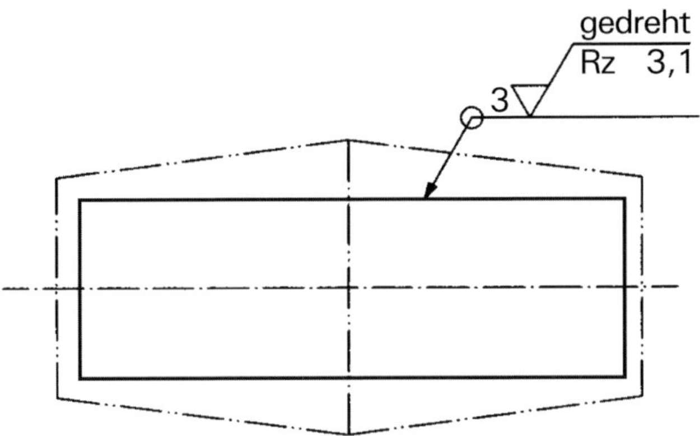

Abb. 98 – Beispiel: Bearbeitungszugabe = 3 mm. *Rz* = 3,1 µm. Bearbeitungsverfahren = Drehen (Bild aus DIN EN ISO 1302:2002-06)

8.1.7 Lage und Ausrichtung der Symbole

Die Symbole und deren Beschriftung sind so anzuordnen, dass sie, von der Gebrauchslage der Zeichnung ausgehend, von unten und von rechts zu lesen sind. Das Symbol steht mit der Spitze entweder auf der Körperkante, einer Maßhilfslinie oder auf einer Bezugslinie, deren Maßpfeil auf die Körperkante oder die Maßhilfslinie zeigt.

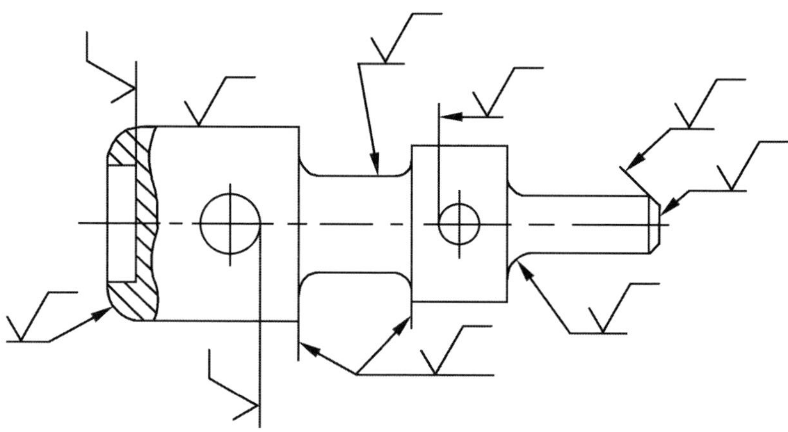

Abb. 99 – Anordnung von Symbolen an Oberflächen

8.1.8 Vereinfachte Zeichnungseintragung

Sind komplizierte Angaben mehrmals zu wiederholen oder ist der Platzbedarf für die Eintragung groß, dann wird an den jeweiligen Oberflächen das **Grundsymbol mit einem Buchstaben** eingetragen und die Bedeutung in der Nähe des Zeichnungsschriftfeldes erklärt.

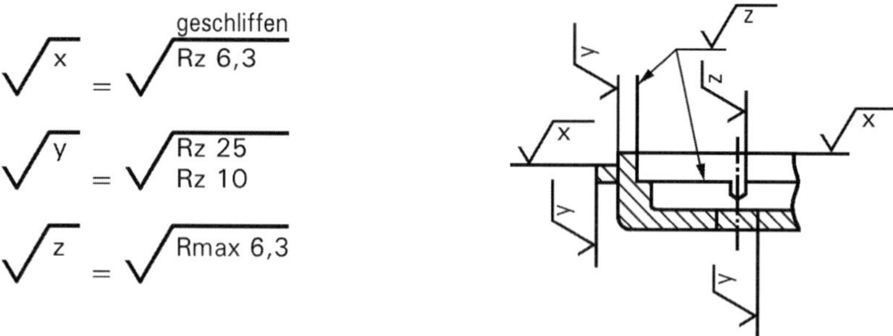

Abb. 100 – Vereinfachte Oberflächenangabe

8.1.9 Ausblick ISO 21920 – Zeichnungseintragungen

Die Zeichnungseintragungen sind aktuell in DIN EN ISO 1302:2002-06 beschrieben. Diese Norm geht unter anderem von der Verwendung taktiler Oberflächenmessgeräte auf technischen Oberflächen aus, wie sie z. B. in der Automobilindustrie üblich sind. Die Verwendung optischer Oberflächenmessgeräte nach Normenreihe DIN EN ISO 25178 führt zu Kenngrößen, die sich in vielen Fällen von den taktil gemessenen Werten unterscheiden.

In der neuen ISO 21920 sind viel weiter gehende Möglichkeiten vorgesehen, um das zu verwendende Oberflächenmessverfahren und die damit verbundene Filterung der Daten nach der Normenreihe DIN EN ISO 16610 festlegen zu können. Die Streubreite der Messwerte kann damit reduziert werden. Ein weiteres Ziel der neuen Norm ist es, die Möglichkeit zu schaffen, spezielle Mess- und Auswerteverfahren für eine treffendere Beurteilung der Funktion einer technischen Oberfläche zur Verfügung zu stellen.

Damit die neuen Kenngrößen klar unterschieden werden können, ist es vorgesehen, sie schon im Zeichnungssymbol grafisch zu unterscheiden. Bei den neuen Werten wird dazu über den V-förmigen Teil des „Wurzel"-Symbols ein waagerechter Strich angebracht. Außerhalb der Zeichnung soll der Kennwert mit einem noch festzulegenden Zeichen gekennzeichnet werden.

9 DIN-Normen und VDI-Richtlinien

9.1 Technische Oberflächen

In diesem Abschnitt werden Hinweise zur Anwendung der DIN- und VDI-Richtlinien gegeben.

Für das Fachgebiet „Technische Oberflächen“ gab bzw. gibt es seit vielen Jahren zahlreiche DIN-Normen und VDI-Richtlinien, die zu verschiedenen Zeiten entstanden und deren Inhalte folglich nicht immer optimal aufeinander abgestimmt waren. Inzwischen sind die meisten DIN-Normen über die Oberflächenmesstechnik durch DIN-EN-ISO-Normen abgelöst worden, die sowohl international als auch europäisch gültig sind.

Im Folgenden werden einzelne Normen und VDI-Richtlinien, die in der Zuständigkeit des Normenausschusses Technische Grundlagen (NATG) im DIN bzw. der Gesellschaft für Mess- und Automatisierungstechnik (GMA) des VDI liegen, kurz erläutert.

9.1.1 Entwicklung

9.1.1.1 DIN 4764:1982-06

Oberflächen an Teilen für Maschinenbau und Feinwerktechnik; Begriffe nach der Beanspruchung

Diese Verständigungsnorm beschreibt technische Oberflächen nach der Art der Beanspruchung und legt einheitliche Begriffe fest. Es wird unterschieden zwischen mechanisch nicht oder nur gering beanspruchten Oberflächen (z. B. Sichtfläche, Messfläche), spannungsbeanspruchten Oberflächen, meist ohne Relativbewegung zur Gegenfläche (z. B. Spannungsgrenzfläche, Haftfläche), und reibungsbeanspruchten Oberflächen mit Relativbewegung zur Gegenfläche (z. B. Schmiergleitfläche, Strömungsfläche).

Der Inhalt dieser Norm ist nach wie vor aktuell und wurde zuletzt im Jahr 2010 bestätigt. Eine Überarbeitung steht derzeit nicht an.

9.1.1.2 VDI/VDE 2601:1991-10 (zurückgezogen)

Anforderungen an die Oberflächengestalt zur Sicherung der Funktionstauglichkeit spanend hergestellter Flächen; Zusammenstellung der Kenngrößen

In dieser Richtlinie sind alle Erkenntnisse und Erfahrungen aus der Literatur und der Industrie zusammengestellt, die seinerzeit zur Verfügung standen. Eine Erweiterung bzw. Aktualisierung ist seit langem vorgesehen, wurde bisher jedoch nicht durchgeführt.

In der Richtlinie werden sämtliche Gestaltabweichungen behandelt, die für die Funktion einer Werkstückoberfläche von Bedeutung sind. Zu den Grobgestaltabweichungen gehören die Maßabweichung sowie Form- und Lageabweichungen.

Die Feingestaltabweichungen bestehen aus Rauheit und den kurzwelligen Anteilen der Formabweichung und der Welligkeit. Es werden tabellarisch alle Kenngrößen und Toleranzen für Zeichnungsangaben zusammengestellt. Dabei wird deutlich unterschieden zwischen Kenngrößen mit genormten Messbedingungen und solchen mit zu vereinbarenden Messbedingungen.

Eine weitere Tabelle enthält für zahlreiche Funktionsflächen (Begriffe nach DIN 4764:1982-06) Empfehlungen über Zeichnungsangaben von Gestaltabweichungen zur Sicherheit der Funktionstauglichkeit bei spanend hergestellten Flächen. Hier werden für den Bereich der Entwicklung Anregungen gegeben, welche Kenngrößen zur Sicherung der Funktion geeignet sind.

Obwohl die VDI-Richtlinie nicht mehr dem aktuellen Stand der Normung und den darin festgelegten Kenngrößen und Messbedingungen entspricht, stellt sie dennoch eine wertvolle Hilfe für den Entwickler und Konstrukteur dar.

9.1.2 Konstruktion

9.1.2.1 DIN EN ISO 1302:2002-06

Geometrische Produktspezifikation (GPS) – Angabe der Oberflächenbeschaffenheit in der technischen Produktdokumentation (ISO 1302:2002); Deutsche Fassung DIN EN ISO 1302:2002

Mit der ersten Ausgabe dieser Norm im Jahre 1977 wurde weltweit eine einheitliche Symbolik für Angaben der Oberflächenbeschaffenheit in **Zeichnungen** festgelegt. Inzwischen ist die ISO-Norm dreimal überarbeitet und in wesentlichen Einzelheiten der Zeichnungseintragung von Oberflächenbeschaffenheit geändert worden, so dass in der anwendenden Wirtschaft eine gewisse Irritation entstanden war.

Die derzeit vorliegende 4. Ausgabe der Norm ISO 1302:2002-02 ist auch als Europäische Norm angenommen und folglich als DIN-EN-ISO-Norm veröffentlicht worden. Sie enthält nicht nur die Zeichnungseintragungsmodalitäten für die Oberflächenbeschaffenheit, sondern geht auch detailliert auf die einschlägigen Grundnormen der Oberflächenmesstechnik ein, um dem Konstrukteur eine klare Vorstellung von den Oberflächenkenngrößen und deren Messtechnik zu vermitteln.

9.1.2.2 DIN 4763:1981-03 (zurückgezogen)

Stufung der Zahlenwerte für Rauheitsmeßgrößen

Die in der Norm festgelegte Stufung der Zahlenwerte einiger Rauheitskenngrößen nach Normzahlen nach DIN 323-1:1974-08 diente der weitgehenden Vereinheitlichung der Eintragungen von Rauheitsgrenzwerten in Zeichnungen und zugehörigen Unterlagen.

Die Stufung der Zahlenwerte für den arithmetischen Mittenrauwert *Ra* war auch bei den genormten und handelsüblichen Oberflächen-Vergleichsmustern zugrunde gelegt worden und erleichterte somit den Sicht- und Tastvergleich.

Mit der Zurückziehung der Norm über Oberflächen-Vergleichsmuster und dem Rückgang ihrer Bedeutung in der Oberflächenprüftechnik nahm auch die Bedeutung der Norm DIN 4763 ab. Es wurden in der Industrie immer häufiger Rauheitsangaben in Zeichnungen eingetragen, die keiner vorgegebenen Stufung folgten. Diese Uneinheitlichkeit der Rauheitsangaben wird unterstützt durch die Beispiele in DIN EN ISO 1302:2002-06, in denen auch Kenngrößen mit Dezimalstellen angegeben sind, die kaum sinnvoll erscheinen.

Obwohl DIN 4763 nicht mehr gültig ist, wird dennoch empfohlen, die Rauheitsangaben in Zeichnungen in Normzahlen zu stufen.

9.1.3 Fertigung

9.1.3.1 DIN 4766-1:1981-03 (zurückgezogen)

Herstellverfahren der Rauheit von Oberflächen – Erreichbare gemittelte Rauhtiefe *Rz* nach DIN 4768 Teil 1

9.1.3.2 DIN 4766-2:1981-03 (zurückgezogen)

Herstellverfahren der Rauheit von Oberflächen – Erreichbare Mittenrauhwerte *Ra* nach DIN 4768 Teil 1

Die in Balkendiagrammen in den Normen dargestellten erreichbaren Rauheitswerte für *Ra* bzw. *Rz* waren Orientierungs- und Erfahrungswerte, die seinerzeit unter üblichen Fertigungsbedingungen erreicht werden konnten. Die angegebenen Streubereiche beruhten auf Messungen an Teilen verschiedener Fertigung, verschiedener Werkstoffe und verschiedener Genauigkeitsanforderungen.

Die den erreichbaren Rauheitswerten dieser Norm zugrunde gelegten Messbedingungen für *Ra* bzw. *Rz* nach DIN 4768-1:1974-08 (zurückgezogene Norm) waren in der Zwischenzeit mehrmals überarbeitet worden, so dass auch DIN 4766-1:1981-03 (zurückgezogene Norm) und DIN 4766-2:1981-03 (zurückgezogene Norm) daran hätten angepasst werden müssen. Da der Aufwand hierfür zu groß war, mussten diese Normen zurückgezogen werden. Dennoch haben sie für den Konstrukteur auch weiterhin einen hohen Orientierungswert, weil die nur unwesentlich geänderten Messbedingungen keinen nennenswerten Einfluss auf die Streubereiche der Rauheitswerte nach DIN 4766-1:1981-03 (zurückgezogene Norm) und DIN 4766-2:1981-03 (zurückgezogene Norm) haben.

Nach wie vor sind die Angaben in den beiden Normen nicht dazu geeignet, über ein bestimmtes Fertigungsverfahren eine bindende Festlegung für die Rauheitsangabe in Zeichnungen abzuleiten.

9.1.3.3 DIN EN ISO 8785:1999-10

Geometrische Produktspezifikation (GPS) – Oberflächenunvollkommenheiten – Begriffe, Definitionen und Kenngrößen (ISO 8785:1998); Deutsche Fassung EN ISO 8785:1999

Diese Norm beschreibt anhand von bildlichen Darstellungen Merkmale von Oberflächenunvollkommenheiten, die durch verschiedene Herstellverfahren (Urformen, Umformen, Spanen, Schneiden usw.) entstehen und sich sehr unterschiedlich auf die Funktion der Oberfläche auswirken können. Oberflächenunvollkommenheiten können ungewollt und fehlerhaft sein, so dass die Verwendbarkeit beeinträchtigt wird. Es können jedoch auch gewollte bzw. kaum vermeidbare Oberflächenstrukturen sein, wie z. B. Poren und Lunker beim Sintern und Gießen, die man weder grundsätzlich als Fehler noch als Mangel bezeichnen kann. Deshalb wurde die früher übliche Benennung „Oberflächenfehler" nicht mehr im Titel dieser Norm verwendet.

Diese Norm ersetzt teilweise DIN 4761:1978-12.

9.1.4 Qualitätsprüfung

9.1.4.1 DIN EN ISO 3274:1998-04

Geometrische Produktspezifikationen (GPS) – Oberflächenbeschaffenheit: Tastschnittverfahren – Nenneigenschaften von Tastschnittgeräten (ISO 3274:1996); Deutsche Fassung EN ISO 3274:1997

Das **Tastschnittverfahren** hat seit Jahrzehnten herausragende Bedeutung für die Oberflächenmesstechnik. Deshalb beziehen sich nahezu alle Normen und Richtlinien auf dieses Verfahren.

Diese Norm ersetzt die frühere Norm DIN 4772:1979-11 (zurückgezogene Norm) zum etwa gleichen Inhalt. Die Norm definiert Profile und den allgemeinen Aufbau von Tastschnittgeräten zum Messen der Oberflächenrauheit und der Welligkeit, um die anderen Normen, z. B. DIN EN ISO 4288:1998-04, DIN EN ISO 13565-1:1998-04 bis DIN EN ISO 13565-3:2000-08, unter Verwendung der Tastschnittgeräte anwenden zu können. Die Norm legt die Eigenschaften der Messgeräte fest, die die Profilauswertung beeinflussen, und beschreibt die grundlegenden Eigenschaften von Tastschnittgeräten (Messgeräte und Profilausgabegeräte).

In der früheren Ausgabe von ISO 3274:1975-07 (zurückgezogene Norm) waren noch die zweistufigen RC-Filter genormt, die zu beträchtlichen Phasenverschiebungen in der Profilübertragung und folglich zu asymmetrischen Profilverzerrungen geführt haben.

9.1.4.2 DIN EN ISO 4287:2010-07

Geometrische Produktspezifikation (GPS) – Oberflächenbeschaffenheit: Tastschnittverfahren – Benennungen, Definitionen und Kenngrößen der Oberflächenbeschaffenheit (ISO 4287:1997 + Cor 1:1998 + Cor 2:2005 + Amd 1:2009); Deutsche Fassung EN ISO 4287:1998 + AC:2008 + A1:2009

Die Bedeutung der Norm liegt in der genauen Spezifikation der Berechnungsvorschriften für eine große Anzahl wichtiger Oberflächenkenngrößen. Dementsprechend wurden seit dem Erscheinen der Norm ungewöhnlich viele Ergänzungen vorgenommen. Es ist vorgesehen, weitere Ergänzungen nicht mehr in dieser Norm selber vorzunehmen, sondern im Rahmen der geplanten Nachfolgenorm ISO 21920 zu veröffentlichen.

Diese Norm enthält neben den Definitionen der Schnitte und Profile eine große Anzahl von Kenngrößen, die das Oberflächenprofil vertikal, horizontal oder unter Berücksichtigung beider Komponenten charakterisieren. Die geometrischen Definitionen aller Kenngrößen sind aus dem Primär-, Rauheits- und Welligkeitsprofil abgeleitet worden, ungeachtet der Frage, ob sie für die industrielle Praxis zur funktionsrelevanten Beschreibung von Oberflächen von Bedeutung sind und ob es für die Kenngrößen genormte Messbedingungen gibt. Deshalb wird empfohlen, im Regelfall die in der industriellen Praxis üblichen Kenngrößen zu verwenden, für die in DIN EN ISO 4288:1998-04, DIN EN ISO 13565-1:1998-04 und DIN EN ISO 13565-2:1998-04 eindeutige Messbedingungen festgelegt sind.

Die vorangegangene Ausgabe der ISO-Norm war seinerzeit unverändert als DIN 4762:1989-01 übernommen worden.

Damals waren nur die am (gefilterten) Rauheitsprofil orientierten Rauheitskenngrößen definiert. Die neue Norm enthält auch die Kenngrößen am Welligkeits- und am Primärprofil, also auch am ungefilterten Profil.

Diese Ergänzung ist zwar in sich logisch, hat jedoch den Nachteil, dass die bisher üblichen Benennungen der Rauheitskenngrößen, z. B. arithmetischer Mittenrauwert *Ra* und gemittelte Rautiefe *Rz*, in dieser neuen Begriffsnorm nicht mehr vorkommen. Für den Konstrukteur und Fertigungsmesstechniker ist diese Begriffsgrundnorm von untergeordneter Bedeutung. Sie dient eher als Verständigungsgrundnorm in der Forschung und der Verfahrensentwicklung.

Mit dem im April 2013 veröffentlichten Änderungsentwurf wurden die Kenngrößen *Xsm* und *XC* zur Beschreibung der Oberflächenbeschaffenheit mit Tastschnittverfahren definiert und in die Norm eingeführt.

9.1.4.3 DIN EN ISO 4288:1998-04

Geometrische Produktspezifikation (GPS) – Oberflächenbeschaffenheit: Tastschnittverfahren – Regeln und Verfahren für die Beurteilung der Oberflächenbeschaffenheit (ISO 4288:1996); Deutsche Fassung EN ISO 4288:1997

Diese Norm ersetzt DIN 4775:1982-06 (zurückgezogene Norm) sowie wesentliche Teile der Norm DIN 4768:1990-05 (zurückgezogene Norm). Die jeweiligen aus den DIN-Normen übernommenen Inhalte sind jedoch weitestgehend unverändert geblieben.

Bezüglich des anzuwendenden Prüfverfahrens soll die nachfolgende Reihenfolge eingehalten werden:

- Zunächst soll eine Sichtprüfung den Gesamteindruck der Oberfläche vermitteln und eine Grobausscheidung solcher Werkstücke ermöglichen, bei denen eine Rauheitsmessung unnötig oder unzweckmäßig erscheint. Insbesondere soll die Sichtprüfung Aufschluss über Oberflächenfehler geben, die eventuell ohne weitere Rauheitsmessung zur Zurückweisung fehlerhafter Teile führen.
- Der Sicht- und Tastvergleich von Werkstücken anhand von Oberflächen-Vergleichsmustern oder mit Musterstücken aus der eigenen Fertigung bekannter Rauheit lässt in den meisten Fällen eine rasche und oft genügend scharfe Auslese fehlerhafter Werkstücke zu.
- Die Rauheitsmessung mit elektrischen Tastschnittgeräten unter festgelegten Messbedingungen wird durchgeführt, wenn die beiden vorhergehenden Verfahren noch keine klare Entscheidung zulassen.

Um den Messaufwand zu minimieren und die Anzahl der Messungen an einem Werkstück einzuschränken, wird in der Norm ein Prüfschema beschrieben, die sogenannte 16%-Regel. Näheres hierzu siehe Abschnitt 5.11.1.

Nach DIN EN ISO 4288:1998-04 ist der **Sicht- und Tastvergleich** der zweite Schritt zum **Prüfen der Rauheit** einer Oberfläche. Hierzu wird entweder ein Oberflächen-Vergleichsmuster oder ein Werkstück mit gleichem Oberflächencharakter bekannter Rauheit zum Vergleich mit der zu prüfenden Oberfläche herangezogen.

- DIN 4769-1:1972-05 (zurückgezogen)
  Oberflächen-Vergleichsmuster; Technische Lieferbedingungen, Anwendung
- DIN 4769-2:1972-05 (zurückgezogen)
  Oberflächen-Vergleichsmuster; Spanend hergestellte Flächen mit periodischem Profil
- DIN 4769-3:1972-05 (zurückgezogen)
  Oberflächen-Vergleichsmuster; Spanend hergestellte Flächen mit aperiodischem Profil.

Diese Normen stimmen im Wesentlichen überein mit der ebenfalls zurückgezogenen Norm ISO 2632-1:1985-09, in der Oberflächen-Vergleichsmuster für die Fertigungsverfahren Drehen, Fräsen, Hobeln und Schleifen festgelegt waren.

Die DIN-Normen enthielten Festlegungen über die Stufung der *Ra*- und *Rz*-Werte, Werkstoffe, Rillenabstände, Rillenverlauf sowie Prüfung und Bezeichnung der Oberflächen-Vergleichsmuster.

Die Muster eignen sich sowohl für den Sicht- als auch für den Tastvergleich. Beim Tastvergleich erhält man die sichersten Ergebnisse, wenn zum Vergleich das der zulässigen größten Rauheit entsprechende Muster sowie das nächstfeinere und das nächstgröbere Muster herangezogen werden.

Oberflächen-Vergleichsmuster sind senkrecht zur Rillenrichtung abzutasten. Beim Sichtvergleich rilliger Oberflächen soll das Licht quer zum Rillenverlauf der Oberflächen von Werkstück und Vergleichsmuster einfallen.

Neben den oben beschriebenen Angaben zum Ablauf der Oberflächenprüfung durch Sicht- und Tastvergleich enthält diese Norm detaillierte Festlegungen über die **Messbedingungen** sowie über die Messung der Kenngrößen *Ra*, *Rz* und *Rz1max* mit elektrischen Tastschnittgeräten. Ergänzend sind die Messstrecken einzelner Abschnitte und die zugeordneten Filter in dieser Norm festgelegt, die früher in DIN 4768:1990-05 (zurückgezogene Norm) enthalten waren.

Die phasenkorrekten Filter nach DIN EN ISO 16610-21:2013-06 sind in den Messbedingungen nach DIN 4768:1990-05 (zurückgezogene Norm) bereits zugrunde gelegt worden, so dass Messungen nach der alten Norm DIN 4768:1990-05 (zurückgezogene Norm) und der neuen Norm DIN EN ISO 4288:1998-04 zu gleichen Ergebnissen führen. Dabei ist darauf zu achten, dass das Kurzzeichen *Rmax* in das Kurzzeichen *Rz1max* geändert worden ist.

Obwohl die Normen zurückgezogen werden mussten, weil die handelsüblichen Vergleichsmuster nicht mehr den Festlegungen der Normen entsprachen und ihre Bedeutung wegen der Verbreitung von handlichen Tastschnittgeräten gesunken ist, können die zurückgezogenen Normen als Hilfen für die Fertigung produktnaher Muster herangezogen werden. Es werden nach wie vor handelsübliche Muster angeboten, die weitgehend den zurückgezogenen DIN-Normen entsprechen.

9.1.4.4 DIN EN ISO 5436-2:2013-04

Geometrische Produktspezifikation (GPS) – Oberflächenbeschaffenheit: Tastschnittverfahren; Normale – Teil 2: Software-Normale (ISO 5436-2:2012); Deutsche Fassung EN ISO 5436-2:2012

Die Norm legt die Eigenschaften von Normalen (Etalons) zur Kalibrierung von Messgeräten fest, die Oberflächenstrukturen nach der Profilmethode nach

ISO 3274:1996-12 erfassen. Sie definiert das Datenformat für die Software-Lehre vom Typ F1.

Bei der praktischen Verwendung von Tastschnittgeräten spielt das verwendete Datenformat für die gemessenen Oberflächenprofile keine Rolle. Im Bereich der Entwicklung und der Erprobung neuer Oberflächenkenngrößen besteht das Interesse, die mit unterschiedlichen Geräten bzw. an unterschiedlichen Orten gemessenen Profile miteinander vergleichen zu können. In diesem Fall besteht mit dieser Norm die Möglichkeit, die Messdaten in ein einheitliches Datenformat umzuwandeln.

Aufgrund der Weiterentwicklung der Messgeräte und mit Einführung der flächenbasierten Oberflächenmessung sind weitere alternative Datenaustauschformate, u. a. in der Norm DIN EN ISO 25178-72:2017-11, definiert worden.

9.1.4.5 DIN EN ISO 12085:1998-05

Geometrische Produktspezifikationen (GPS) – Oberflächenbeschaffenheit: Tastschnittverfahren – Motifkenngrößen (ISO 12085:1996); Deutsche Fassung EN ISO 12085:1997

Diese Norm geht auf eine Initiative der französischen Automobilindustrie zurück. Sie beschreibt eine Auswertung von Oberflächenprofilen, die ihre Wurzeln in grafischer sowie manueller Profilanalyse hat. Das zentrale geometrische Element ist das Motif. Dies ist ein Teil des Profils zwischen zwei Profilspitzen, angenähert durch die Verbindungslinie dieser Spitzen mit der eingeschlossenen tiefsten Profilvertiefung. Das Motif ist durch profileigene lokale Merkmale wie Profilspitze und Profiltal definiert. Eine Mittellinie und entsprechende Profilfilter sind nicht erforderlich.

Die Norm legt Regeln fest, nach denen kleinere und unbedeutende Motifs abgetrennt und verworfen werden. Das Profil wird durch die verbleibenden wesentlichen Motifs dargestellt. Diese Motifs stellen die Rauheit dar. Das Zerlegen des Profils in wesentliche Motifs wirkt wie eine Messstreckenfilterung, die sich aber in ihrer Trennung automatisch auf die lokalen Profileigenschaften anpasst.

Die Verbindungslinien aller Spitzen der Rauheitsmotifs bilden die Grundlage für die Auswertung der Welligkeit, die dem gleichen Verfahren der Motifzerlegung folgt. Die Spitzen der wesentlichen Welligkeitsmotifs stellen wiederum die Formabweichung dar. Dadurch wird eine homogene lokal angepasste Zerlegung des Profils in unwesentliche Profilelemente, Rauheit, Welligkeit und Form erreicht.

Das Auswerteverfahren nach dieser Norm wird bisher vorwiegend bei spanend hergestellten Werkstücken der französischen Automobilindustrie angewendet.

DIN EN ISO 12085 wurde 2009 durch eine europäische Berichtigung korrigiert. Es wurde eine Datierung in den normativen Verweisungen richtiggestellt.

9.1.4.6 DIN EN ISO 12179:2000-11

Geometrische Produktspezifikation (GPS) – Oberflächenbeschaffenheit: Tastschnittverfahren – Kalibrierung von Tastschnittgeräten (ISO 12179:2000); Deutsche Fassung EN ISO 12179:2000

Diese Norm beschreibt das Kalibrieren von Tastschnittgeräten.

Bei besonders hohen Ansprüchen an die Genauigkeit des Messplatzes findet man in DIN EN ISO 12179:2000-11 eine detaillierte Anleitung zur Kalibrierung von Tastschnittgeräten. Diese Genauigkeit wird unter anderem bei Tastschnittgeräten benötigt, die in DAkkS-DKD-Kalibrierlaboratorien verwendet werden. Gleitkufentaster sind deshalb nicht Gegenstand dieser Norm.

DIN EN ISO 12179:2000-11 wurde 2009 durch eine europäische Berichtigung korrigiert. Dies betraf die Ausdrücke für Quadratsummen im Anhang C.

9.1.4.7 DIN EN ISO 16610-21:2013-06

Geometrische Produktspezifikation (GPS) – Filterung – Teil 21: Lineare Profilfilter: Gauß-Filter (ISO 16610-21:2011); Deutsche Fassung EN ISO 16610-21:2012

In dieser Norm wurden gegenüber der Ausgabe Oktober 2012 zwei fehlerhafte Formeln korrigiert und ein Verweis auf Bild 4 ergänzt. Die gültige englische Referenzfassung ist noch immer ISO 16610-21:2011-06. Die Norm stimmt im Wesentlichen mit der früheren Norm DIN EN ISO 11562:1996-05 (zurückgezogene Norm) überein.

DIN EN ISO 16610-21:2011-06 beschreibt ein modernes, digitales und phasenkorrektes Filter, welches das ertastete Oberflächenprofil aufteilt in das Rauheitsprofil und das komplementäre Welligkeitsprofil.

Mit der DIN EN ISO 11562:2011-06 wurden die früher für die Rauheitsmessung üblichen analogen 2RC-Hochpassfilter und die für die Welligkeitsmessung analogen 2RC-Tiefpassfilter abgelöst. Die Eigenschaften der neuen Filter bringen wesentliche Verbesserungen. Die Filterkennlinien sind so abgestimmt, dass sich für die bisherigen Messwerte im Regelfall keine wesentlichen Unterschiede ergeben.

Mit der alten DIN 4777:1990-05 (zurückgezogene Norm) war die nationale DIN-Normung der internationalen Normung bereits um viele Jahre voraus. Deshalb war die DIN-Norm die Grundlage für die ISO-Norm.

Die Normenreihe ISO 16610 enthält weitere neue Filter, die sich sowohl für die normale Tastschnittmessung als auch für die flächenhafte Messung einsetzen lassen. Dabei beschreibt die Norm sowohl lineare als auch sogenannte robuste und morphologische Filter sowie Filter zur Segmentierung.

Zu den linearen Filtern gehört z.B. das o.a. etablierte Gauß-Filter DIN EN ISO 16610-21:2013-06. Diese Filter finden sich in den Normteilen mit der Ziffernfolge beginnend mit einer 2 oder 6. Lineare Filter haben ein Übertragungsverhalten, das unabhängig von der Amplitude ist. Diese Filter lassen sich eindeutig durch eine spektrale Übertragungskurve charakterisieren.

Den anderen Filtern kann keine eindeutige spektrale Übertragungskurve zugeordnet werden. Sie alle zerlegen aber ein Profil in kurz- und langwellige Bestandteile. So eignen sich z. B. die robusten Filter besser für die Anwendung auf plateauartigen Oberflächenprofilen. Erst in Zusammenhang mit der geplanten Profilnorm ISO 21920 wird man das Potential dieser Filter voll nutzen können bzw. können diese schon in den Zeichnungseintragungen festgelegt werden.

9.1.4.8 DIN EN ISO 16610-31:2017-03

Geometrische Produktspezifikation (GPS) – Filterung – Teil 31: Robuste Profilfilter: Gaußsche Regressionsfilter (ISO 16610-31:2016); Deutsche Fassung EN ISO 16610-31:2016

Das Filter eignet sich für die Festlegung der Mittellinie bei Profilen mit unregelmäßigen Strukturen. Solche Profile findet man z. B. bei gehonten Zylinderoberflächen aus Verbrennungsmotoren oder bei gesinterten Keramiken. Die Filterlinie folgt bei diesem Filtertyp im Wesentlichen dem Plateau des Profils. Es ist deshalb geplant, das bisher für die Ermittlung der *Rk*-Kenngrößen verwendete Filter aus DIN EN ISO 13565-1:1998-04 durch dieses neue Filter abzulösen.

Für dieses Filter kann wegen seiner nichtlinearen Eigenschaften keine Übertragungskurve angegeben werden.

9.1.4.9 DIN EN ISO 13565-1:1998-04

Geometrische Produktspezifikationen (GPS) – Oberflächenbeschaffenheit: Tastschnittverfahren – Oberflächen mit plateauartigen funktionsrelevanten Eigenschaften – Teil 1: Filterung und allgemeine Messbedingungen (ISO 13565-1:1996); Deutsche Fassung EN ISO 13565-1:1997

Das Dokument beschreibt eine Filtermethode für Oberflächen mit tiefen Tälern unter einem viel feiner bearbeiteten Plateau mit einem relativ geringen Welligkeitsanteil. Bei Oberflächen dieser Art wird bei Filterung nach ISO 11562:1996-12 (zurückgezogene Norm) die Referenzlinie durch die Täler unerwünscht beeinflusst. Das im Dokument beschriebene alternative Verfahren der Filterung unterdrückt den Einfluss der Täler auf die Referenzlinie, so dass eine besser zutreffende Referenzlinie erzeugt wird.

Im Zuge der Einführung der geplanten Profilnorm ISO 21920 ist vorgesehen, dieses Filter nicht mehr zu verwenden. Stattdessen wird dann voraussichtlich ein sogenanntes robustes Filter aus der Normenreihe DIN EN ISO 16610 zum Einsatz kommen.

9.1.4.10 DIN EN ISO 13565-2:1998-04

Geometrische Produktspezifikationen (GPS) – Oberflächenbeschaffenheit: Tastschnittverfahren – Oberflächen mit plateauartigen funktionsrelevanten Eigenschaften – Teil 2: Beschreibung der Höhe mittels linearer Darstellung der Materialanteilkurve (ISO 13565-2:1996); Deutsche Fassung EN ISO 13565-2:1997

Das Dokument beschreibt den Auswertungsvorgang für Kenngrößen aus der linearen Darstellung der Materialanteilkurve (Abbottkurve), die die Zunahme des Materialanteils der Oberfläche mit zunehmender Tiefe beschreiben. Diese sollen dazu dienen, das Funktionsverhalten von mechanisch hochbeanspruchten Oberflächen zu kennzeichnen.

9.1.4.11 DIN EN ISO 13565-3:2000-08

Geometrische Produktspezifikation (GPS) – Oberflächenbeschaffenheit: Tastschnittverfahren; Oberflächen mit plateauartigen funktionsrelevanten Eigenschaften – Teil 3: Beschreibung der Höhe von Oberflächen mit der Wahrscheinlichkeitsdichtekurve (ISO 13565-3:1998); Deutsche Fassung EN ISO 13565-3:2000

Das Dokument legt den Auswertungsvorgang für die Ermittlung von Kenngrößen aus der linearen Regression der Wahrscheinlichkeitsdichtekurve fest, die die Gauß'sche Darstellung der Materialanteilkurve ist.

Die Norm findet Anwendung auf technische Oberflächen, die aus aufeinanderfolgenden Bearbeitungsschritten entstanden sind. In einem ersten Schritt wird eine relativ grobe Kontur mit tiefen Tälern geschaffen. In einem zweiten Schritt wird diese Struktur nachbearbeitet, so dass eine feinere Plateau-Struktur entsteht, ohne jedoch die tiefer liegende grobe Struktur völlig zu beseitigen.

Die Kenngrößen sind für die Beschreibung des tribologischen Verhaltens, beispielsweise von geschmierten Gleitflächen, und zur Regelung des Herstellungsprozesses vorgesehen.

9.1.4.12 DIN EN ISO 25178

Geometrische Produktspezifikation (GPS) – Oberflächenbeschaffenheit: Flächenhaft

Diese Normenreihe beschreibt die flächenhafte Rauheitsmessung. Sie ist systematisch nach Bedeutung in eine große Anzahl von einzelnen Teilen aufgegliedert, die sich in unterschiedlichen Bearbeitungsstadien befinden. Ein Teil davon ist bereits als DIN-EN-ISO-Norm auch in Deutschland erschienen. Ein weiterer Teil ist bisher nur als ISO-Norm veröffentlicht und an manchen Teilen wird in den ISO-Gremien noch gearbeitet. Im Folgenden wird eine Auswahl einiger relevanter Teile der Norm vorgestellt.

DIN EN ISO 25178-1:2016-12 beschreibt die Zeichnungseintragungen. Aufgrund der Vielzahl an unterschiedlichen Filter- und Auswertemöglichkeiten gibt es bei den Eintragungen wesentlich mehr Möglichkeiten als für die normalen Tastschnittmessungen. Nach wie vor werden die Angaben bevorzugt grafisch unter dem mit einem zusätzlichen „A“ modifizierten „Wurzel“-Zeichen dargestellt. Das Eintragen in 3D-Zeichnungen bei der CAD-Konstruktion ist ebenfalls berücksichtigt worden.

DIN EN ISO 25178-2:2012-09 listet die Kenngrößen auf. Den beiden hauptsächlich vorkommenden Messmethoden der taktilen und der optischen Messung wird durch die Modelle einer mechanischen bzw. einer elektromagnetischen Oberfläche Rechnung getragen. Im Unterschied zu der bisherigen Praxis wird die morphologische Filterwirkung der Tastspitze explizit rechnerisch kompensiert. Die meisten Oberflächenkenngrößen sind in Anlehnung an die bisher üblichen Kenngrößen definiert worden, wobei sie durch den Großbuchstaben „*S*“ gekennzeichnet werden; so entspricht der auf einer Fläche definierte *Sz* im Wesentlichen dem *Rz* aus einem Profilschnitt. Es werden auch alternative Analyseverfahren wie der Änderungsbaum und Fraktale beschrieben.

DIN EN ISO 25178-3:2012-11 definiert die Messbedingungen. Diese werden hier im Unterschied zu den Normen für die Tastschnittgeräte „Spezifikationsoperatoren“ genannt. Zur Vereinfachung der Messungen und für eine bessere Vergleichbarkeit von Messergebnissen werden zu fast allen Kenngrößen Standard-Einstellungen vorgeschlagen.

DIN EN ISO 25178-70:2014-06 gibt eine Auswahl der Normale, die für die Kalibrier- und Prüfverfahren eingesetzt werden können. Aufgrund der im Laufe der Jahre kontinuierlich verbesserten Hardware von Oberflächenmessgeräten kommt der eingesetzten Software relativ gesehen eine höhere Bedeutung für die Messunsicherheit zu. Dem wird durch die in den Teilen 71 und 72 beschriebenen sogenannten Softwarenormalen und ein Datenaustauschformat Rechnung getragen, womit sich die Software unabhängig von Einflüssen der Mechanik und Elektronik der Messgeräte testen lässt.

DIN EN ISO 25178-601:2011-01 beschreibt Tastschnittgeräte, die aus vielen einzelnen parallelen Tastschnitten ein vollständiges Höhenbild einer Fläche aufnehmen können. Aus den damit erhaltenen Oberflächentopographien lassen sich alle Oberflächenkenngrößen berechnen. Diese Geräte sind relativ weit verbreitet und genau, benötigen aber viel Zeit für die Messung von größeren Oberflächenabschnitten. Aus diesem Grund sind in den Normteilen 602 bis 607 weitere, meist optische, Messgeräte aufgeführt. Der Normteil 600 gibt eine Übersicht über die flächenhaften Topographiemethoden und beschreibt die für alle Methoden gemeinsamen Merkmale.

DIN EN ISO 25178-701:2011-01 listet Kalibrier- und Prüfverfahren unter Verwendung von Oberflächennormalen für flächenhaft messende taktile Tastschnittgeräte auf. Der Normteil 700 ist bisher noch nicht veröffentlicht und soll eine Übersicht über die für die flächenhaften Topographiemethoden geeigneten Normale geben. Dabei werden insbesondere auch für optische Messgeräte Festlegungen für die erzielbare Genauigkeit getroffen, indem z. B. für das Gerät ermittelt wird, bis zu welcher kleinsten lateralen Strukturbreite die Höhenmessung nicht mehr als 10 % vom richtigen Wert abweicht. Für diese Messung eignet sich u. a. ein von der Physikalisch-Technischen Bundesanstalt entwickeltes sogenanntes Chirp-Normal, welches Sinuswellen konstanter Höhe, aber abnehmender Wellenlänge aufweist. Diese Grenze wird bei den meisten optischen Messverfahren sehr viel früher als bei der beugungsbegrenzten Auflösungsgrenze nach Abbe erreicht.

9.1.4.13 DIN EN 10049:2014-03

Messung des arithmetischen Mittenrauwertes *Ra* und der Spitzenzahl *RPc* an metallischen Flacherzeugnissen; Deutsche Fassung EN 10049:2013

Diese Norm wurde vom Normenausschuss Eisen und Stahl (FES) im DIN erarbeitet und baut auf der SEP 1940 auf.

Die Norm beschreibt die Kenngrößen *Ra* sowie *RPc* und zugehörige Messbedingungen zur Beurteilung von metallischen Flacherzeugnissen.

Wesentliche Änderungen der Neuausgabe vom März 2014 gegenüber der Ausgabe Februar 2006 sind die Aufnahme des optischen Messsystems im Begriff „Primärprofil“ und eine neue Formulierung der Definition der Mittellinie. Weiterhin wurden Erläuterungen zum optischen Messsystem im Abschnitt „Messgeräte“ aufgenommen und der maximale Prüfabstand für die Anwendungsgruppe 1 wurde geändert.

9.1.4.14 DIN 4760:1982-06

Gestaltabweichungen; Begriffe, Ordnungssystem

Diese Norm legt Begriffe und ein Ordnungssystem für die unterschiedlichen Gestaltabweichungen einer Oberfläche fest. Es werden die Begriffe Formabweichung, Welligkeit und Rauheit innerhalb des beschriebenen Ordnungssystems anhand von Entstehungsursachen definiert. Obwohl die Benennungen und auch Definitionen in dieser Norm nicht vollständig mit den neuen Normen DIN EN ISO 14660-1:1999-11 und DIN EN ISO 14660-2:1999-11 übereinstimmen, soll diese Norm wegen ihrer Anschaulichkeit der Gestaltabweichungen weiterhin bestehen bleiben.

9.1.4.15 DIN 4761:1978-12 (zurückgezogen)

Oberflächencharakter; Geometrische Oberflächentextur-Merkmale, Begriffe, Kurzzeichen

Neben bildlichen Darstellungen und Definitionen von Oberflächen-Unvollkommenheiten (Oberflächenfehler), die heute in DIN EN ISO 8785:1999-10 enthalten sind, wurden in der Norm DIN 4761:1978-12 „Oberflächencharakter; Geometrische Oberflächentextur-Merkmale, Begriffe, Kurzzeichen" (zurückgezogene Norm) genormt. Die Oberflächentextur ist die vom bloßen Auge erfassbare Anordnung der Oberflächen-Merkmale. Diese Merkmale waren in der Norm systematisch geordnet und bezeichnet. So gab es z. B. rillige Oberflächen mit geraden, kreisförmigen oder gekreuzten Rillen sowie porige oder schuppige Oberflächen.

9.1.4.16 DIN 4771:1977-04 (zurückgezogen)

Messung der Profiltiefe *Pt* von Oberflächen

Die Messung von Rauheitskenngrößen am ungefilterten Profil war in Fachkreisen von je her als problematisch angesehen worden, weil neben der Rauheit, die den überwiegenden Anteil der Gestaltabweichungen am ungefilterten Profil ausmacht, über die kurze Strecke auch Welligkeits- und Formabweichungsanteile erfasst worden sind, die unbeabsichtigt mit gemessen werden. Zudem war das Ausrichten des Werkstückes auf dem Tastschnittgerät zur Messung am ungefilterten Profil schwierig und zeitaufwändig.

Die Profiltiefe *Pt* wurde (wenn überhaupt) bevorzugt angewendet, wenn

- wegen der Werkstückgröße nur sehr kurze Messlängen zur Verfügung standen,
- mit optischen Verfahren (z. B. Lichtmikroskop, Interferenzmikroskop, rasterelektronen-mikroskopisches Verfahren) nur kurze Messlängen zur Verfügung standen,
- das rechnerisch oder elektrisch gefilterte Rauheitsprofil aus prinzipiellen Gründen abgelehnt wurde.

Wegen der verhältnismäßig geringen Bedeutung dieser Norm in der industriellen Messtechnik musste sie ersatzlos zurückgezogen werden, weil an einer Überarbeitung zwecks technischer Anpassung an den Stand der Technik kein hinreichendes Interesse bestand.

9.1.4.17 DIN 4774:1981-06 (zurückgezogen)

Messung der Wellentiefe *Wt* mit elektrischen Tastschnittgeräten

In dieser Norm sind einheitliche Messbedingungen für die Messung der Wellentiefe festgelegt, wobei die damals üblichen analogen 2RC-Filter zugrunde gelegt worden sind. Diese Filter sind zur Messung der Wellentiefe wie auch zur Rauheitsmessung nur bedingt geeignet, weil durch das Filter verursachte Verzerrungen des Welligkeitsprofils zu u. U. fehlerhaften Ergebnissen führen. Mit der Herausgabe der DIN 4777:1990-05 (zurückgezogene Norm) über phasenkorrekte Filter (heute DIN EN ISO 16610-21:2013-06) wäre auch eine Überarbeitung der Norm DIN 4774:1981-06 (zurückgezogene Norm) notwendig geworden. Wegen der verhältnismäßig seltenen Angabe von Welligkeitskenngrößen in Zeichnungen wurde bisher auf die Überarbeitung dieser Norm verzichtet. Heute wird die Welligkeit unter Einschaltung des Tiefpassfilters nach DIN EN ISO 16610-21:2013-06 und in Anlehnung an die Messbedingungen nach DIN EN ISO 4288:1998-04 gemessen. Einheitliche Messbedingungen für Kenngrößen der Welligkeit sind nicht genormt.

Ein neues alternatives Verfahren zur Beschreibung der Welligkeit einer technischen Oberfläche ist die dominante Welligkeit, siehe Abschnitt 3.5.2.

9.1.4.18 VDI/VDE 2602:1983-09

Rauheitsmessung mit elektrischen Tastschnittgeräten

Einige Blätter dieser Richtlinie sind inzwischen unter dem neuen Titel „Oberflächenprüfung" im Zeitraum von 2008 bis 2014 erschienen bzw. sind aktuell in der Überarbeitung.

In dieser Richtlinie sind die Grundlagen für die Durchführung von Rauheitsmessungen mit elektrischen Tastschnittgeräten beschrieben. Die Richtlinie soll dem Praktiker helfen, Anwendungsfehler zu vermeiden und das Tastschnittgerät optimal zu nutzen.

Es werden die einzelnen Messkettenglieder und deren Auswirkungen auf die Messergebnisse beschrieben. Dies betrifft u. a. die Form der Tastnadel, das Tastsystem mit und ohne Gleitkufe und die Wirkung des Wellenfilters zum Trennen von Rauheit und Welligkeit.

Eine Funktionsprüfung für das gesamte Tastschnittgerät wird erläutert. Weitere wichtige Hinweise für das Bedienungspersonal runden die Richtlinie ab.

Obwohl sich der Inhalt dieser VDI-Richtlinie nicht auf den heutigen Stand moderner Tastschnittgeräte bezieht, ist sie für den Geräteanwender auch heute noch hilfreich.

9.1.4.19 VDI/VDE 2603:1990-09 (zurückgezogen)

Oberflächen-Meßverfahren; Messung des Flächentraganteils

In dieser Richtlinie wird die Messung des Flächentraganteils für tragende Flächen beschrieben. Es sind Messverfahren zusammengestellt, mit denen der Anteil der tragenden Fläche im Verhältnis zum Bezugsbereich bestimmt werden kann.

9.2 Weiterentwicklung der Normung

Auf dem Gebiet der Messtechnik geometrischer Größen werden voraussichtlich keine nationalen Normen mehr erarbeitet werden, sondern künftig nur noch Internationale Normen, die europäisch harmonisiert dann als DIN-EN-ISO-Normen veröffentlicht werden. Rein nationale Normen haben angesichts der Globalisierung der Märkte keine große Bedeutung mehr.

Die oben genannten und erläuterten DIN-EN-ISO-Normen sind größtenteils bereits älter als 5 Jahre und bedürfen bereits der Überprüfung sowie erforderlichenfalls der Überarbeitung, um sie dem weiterentwickelten Stand der Technik anzupassen.

Weiterhin wird im zuständigen ISO-Komitee an der Normung der dreidimensionalen Erfassung und Auswertung von Oberflächen gearbeitet.

9.2.1 ISO 21920 Profilnorm

Diese Norm befindet sich zurzeit in den ISO-Gremien in der Entwicklung. Sie soll die bisher über mehrere Normen verteilte Oberflächenmesstechnik in einer einzigen Norm bündeln. Dabei sollen auch neuere Erkenntnisse berücksichtigt werden, insbesondere die aus der Arbeit am Normungswerk für die flächenhafte Oberflächenmessung in der Normenreihe ISO 25178. Es ist vorgesehen, dass die folgenden Normen durch diese neue Norm ISO 21920 abgelöst werden sollen:

- ISO 3274:1996-12 „Messgeräte“
- ISO 4287:1997-04 „Kenngrößen“
- ISO 4288:1996-08 „Messbedingungen“
- ISO 13565-1 bis -3 „Traganteil“
- ISO 12085:1996-08 „Motif“
- ISO 1302:2002-02 „Zeichnungseintragungen“.

Für die neue Norm ist eine Unterteilung in 3 Teile vorgesehen:

- ISO 21920-1 „Zeichnungseintragungen“
- ISO 21920-2 „Kenngrößen“
- ISO 21920-3 „Messbedingungen“.

Auf die Unterschiede zwischen dem bestehenden Normenwerk und der zu erwartenden neuen Regelung nach ISO 21920 ist in dieser Ausgabe des Buches schon direkt bei einigen der betroffenen Kenngrößen hingewiesen worden, siehe z. B. Abschnitt 4.2.2.2.

Die vertrauten Begriffe für Rauheits-, Welligkeits- und Primärprofil werden weiterhin in der neuen Norm verwendet werden. Die Filtergrenzen und die zugehörigen Zahlenwerte werden dabei aber anders als gewohnt bezeichnet. Der S-Filter spaltet den kurzwelligen und der F-Operator den langwelligen Teil vom P-Profil ab, so dass sich das R-Profil ergibt.

Die jeweilige Filterstärke wird durch den sogenannten Nesting Index festgelegt, welcher im Fall der bekannten Gauß-Filterung nach DIN EN ISO 16610-21:2013-06 der Cutoff-Wellenlänge λs bzw. λc entspricht. Die Verwendung dieser etwas abstrakteren Begriffe erlaubt eine einheitlichere Beschreibung z. B. bei Abtrennung des langwelligeren Bereichs. Diese Abtrennung kann sowohl durch Gauß-Filterung als auch z. B. durch Formentfernung vorgenommen werden, wobei letzteres keine Filterung, sondern eine morphologische Operation darstellt. Auch die Verwendung einiger der neuen „Filter"-Verfahren aus der Normenreihe DIN EN ISO 16610 wird dadurch erleichtert.

Wegen der notwendigen Anwendbarkeit auf verschiedene Messverfahren werden die Messbedingungen für die taktile oder die optische Messung über Zwischenschritte ermittelt. Ausgangspunkt ist immer die Toleranzangabe in der Zeichnung – eine vorausgehende Messung ist also nicht mehr erforderlich. Aus diesem Wert wird zunächst die tabellierte Hilfsgröße „Setting index" *Si* bestimmt. Erst in einer weiteren, für das verwendete Messverfahren typischen Tabelle werden daraus die konkreten Messbedingungen ermittelt. Dazu gehören der Nesting Index *Nis* für die kurzwellige Filtergrenze, die dem λs entspricht, und der Nesting index *Nic* für die langwellige Filtergrenze, die der Cutoff-Wellenlänge λc entspricht. Ebenso werden die Länge der Auswertestrecke, die Schrittweite für die Abtastung und der Tastspitzenradius festgelegt.

Vertikalkenngrößen wie etwa *Rz* werden nicht mehr wie bisher an 5 gleich langen Einzelmessstrecken berechnet. Die Messstrecke wird vielmehr in Teillängen aufgeteilt, deren Grenzen sich an den Profilelementen orientieren. In den Teillängen befinden sich stets komplette Profilelemente – es werden keine Profilelemente mehr an willkürlichen Stellen geteilt. Die Trennstellen sind meistens auch Nulldurchgänge des Profils durch seine Filter-Mittellinie. Zur besseren Vergleichbarkeit mit der bisherigen Definition werden ebenfalls 5 Teillängen bzw. Profilelemente ausgewertet. Wie bisher ergibt sich der Wert der Kenngröße als Mittelung der Einzelwerte aus den 5 Teillängen.

Trotz der neuen Begriffe sollte das Arbeiten mit der neuen Profilnorm einfacher werden – unter anderem aufgrund der Standardmessbedingungen für die meisten Kenngrößen, was aber nicht die Verifizierung der Sinnhaftigkeit dieser vorgegebenen Werte durch einen erfahrenen Messtechniker ersetzen kann. Hilfreich ist auch, dass die neuen Kenngrößen klar von den bisher üblichen unterschieden werden können, so dass es zu keinen Verwechslungen kommt.

9.2.2 Neue Filterverfahren

Ursprünglich wurden vor allem 2RC-Filter eingesetzt, da sie sich auf analogen Messgeräten realisieren lassen. Mit Aufkommen der digitalen Messgeräte wurde die Anwendung des Gaußfilters möglich. Dieser hat gegenüber dem 2RC-Filter den Vorteil, phasenkorrekt zu messen.

Mittlerweile wurden verbesserte Filterverfahren entwickelt. Einige der neuen Filter sind in der Reihe ISO TS 16610 dokumentiert. Verbesserungen wurden bei den benötigten Vor- und Nachlaufstrecken, auf plateauartigen Oberflächen und auf stark gekrümmten Profilen erreicht. Einige der Filter sind mathematisch anspruchsvoll und setzen eine leistungsfähige Datenverarbeitung voraus.

Es ist Gegenstand aktueller Forschung herauszufinden, welches Filter sich für welche Anwendung am besten eignet. Nach Abschluss dieser Bewertungsphase ist mit der Übernahme ausgesuchter Filter in die DIN-EN-ISO-Normen zu rechnen.

9.2.3 Unterschiedliche Interpretationen beim *Rmax* und *Rz1max*

Es gibt auch zu bereits existierenden Kenngrößen unterschiedliche Interpretationen, wie z.B. im Fall der nachfolgend beschriebenen Kenngrößen *Rmax* und *Rz1max*. Bei Überarbeitung der zuständigen Norm sollen die zurzeit existierenden Widersprüche beseitigt werden.

In der jahrzehntelang erprobten und bewährten Norm DIN 4768:1990-05 (zurückgezogene Norm) war die maximale Rautiefe *Rmax* definiert als die größte Einzelrautiefe innerhalb der für *Rz*-Messungen üblichen 5 aneinandergereihten Einzelmessstrecken.

Dieser *Rmax*-Wert konnte also nur in **einer** Einzelmessstrecke auftreten. Auch damals galt bereits die sogenannte Höchstwert-Regel (damals nach DIN 4775:1982-06, zurückgezogen, heute nach DIN EN ISO 4288:1998-04), die besagt, dass kein einziger auf der Oberfläche auffindbarer Messwert den auf der Zeichnung vorgegebenen mit „max“ gekennzeichneten Rauheitswert überschreiten darf. Mit der grundlegenden Überarbeitung der Begriffsnorm ISO 4287:1997-04 (DIN EN ISO 4287:2010-07) sind die Definitionen der Kenngrößen am Primärprofil *P* (ungefiltertes Profil), am Rauheitsprofil *R* (hochpassgefiltertes Profil) und am Welligkeitsprofil *W* (tiefpassgefiltertes Profil) in jeweils nur einer Definition zusammengefasst worden. Die „klassischen“ Kenngrößen *Ra* und *Rz* sind also nicht mehr einzeln definiert, werden aber in ISO 4288:1996-08 (DIN EN ISO 4288:1998-04) als Kenngrößen benutzt. *Rz* ohne Angabe der Anzahl der Einzelmessstrecken ist – wie früher – das arithmetische Mittel aus den Einzelrautiefen von 5 aneinandergrenzenden Einzelmessstrecken. Soll über eine andere Anzahl von Einzelmessstrecken ausgewertet werden (z.B. bei sehr kurzen Werkstücklängen), dann muss diese Anzahl dem Kurzzeichen *Rz* angefügt werden, z.B. *Rz1*.

Nach dem neuen systematischen Aufbau der Begriffe der Kenngrößen hat jede in ISO 4287:1997-04 definierte Kenngröße einen Index, z. B. *Ra*, *Rz* bzw. *Pa*, *Pz*. In diese Systematik passt das bisher übliche Kurzzeichen *Rmax* nicht mehr hinein. Der Index „max" kann aber jeder Kenngröße angefügt werden, wenn die Höchstwert-Regel gelten soll.

Mit der an mehreren Stellen in DIN EN ISO 4288:1998-04 benutzten Kenngröße *Rz1max* soll deutlich werden, dass der Zeichnungswert an keiner einzigen Stelle auf der Oberfläche überschritten werden darf. Damit ist die Mittelwertbildung über 5 Einzelmessstrecken (wie bei *Rz* üblich) in diesem Fall nicht zulässig, sondern es gilt nur der maximale Messwert innerhalb einer Einzelmessstrecke. So gesehen haben also *Rmax* und *Rz1max* im Sinne der ISO-Norm dieselbe Bedeutung, siehe Abb. 101.

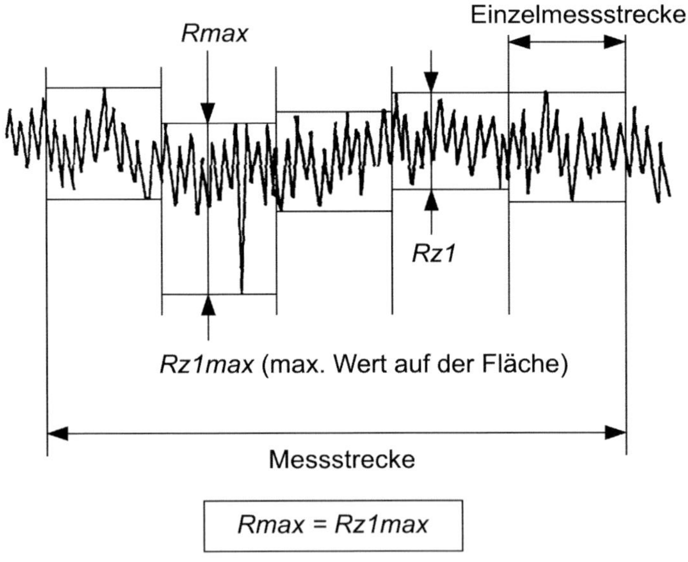

Abb. 101 – Definition von *Rmax* und *Rz1max*

Das Fehlen eindeutiger Definitionen der einzelnen Kenngrößen in DIN EN ISO 4287:2010-11 hat dazu geführt, dass *Rz1max* heute häufig abweichend von *Rmax* verstanden wird. Aus dem Kurzzeichen *Rz1max* kann im Unterschied zu *Rmax* auch abgeleitet werden, dass nur über eine einzige Einzelmessstrecke zu messen ist. Das würde bedeuten, dass bei der Messung von *Rz1max* die „Prüfschärfe" geringer ist als bei *Rmax*. Für alle mit „max" gekennzeichneten Kenngrößen bedeutet die Höchstwert-Regel, dass auf der betrachteten Oberfläche kein einziger Messwert den Zeichnungsgrenzwert überschreiten darf.

Wenn also *Rz1max* mit nur **einer** Messung in nur **einer** Einzelmessstrecke erfasst wird, wird eher eine kleinere Kenngröße ermittelt, als wenn innerhalb von 5 Einzelmessstrecken oder über beliebig viele Einzelmessungen die Einhaltung der Zeichnungsvorgabe geprüft wird.

Um jeder Fehlinterpretation der Kenngröße *Rz1max* entgegenzuwirken, hat der Verband der deutschen Automobilindustrie (VDA) in seinen Richtlinien **VDA 2005** und **VDA 2006** das Kurzzeichen *Rz1max* außer Kraft gesetzt und schreibt stattdessen für die KFZ-Industrie das alte Kurzeichen nach DIN 4768:1990-05 (zurückgezogene Norm) vor. Die Hersteller von Rauheitsmessgeräten haben sich auf diese Situation eingestellt und bieten daher in den Geräten weiterhin auch die „alten" Kenngrößen wie *Rmax* an.

9.3 Anleitungen zur Ermittlung der Messunsicherheit

Die Ermittlung der aufgabenbezogenen Messunsicherheit wird in verschiedenen internationalen und deutschen Veröffentlichungen beschrieben.

9.3.1.1 GUM

Guide to the Expression of Uncertainty in Measurement
International Organization for Standardization (ISO), Genf, Schweiz, 2008. Überarbeitete Version 1995. Auch als deutsche Übersetzung verfügbar.

Dieser Leitfaden beschreibt die Ermittlung der Messunsicherheit. Ein- und Ausgangsgrößen werden zu einem Messunsicherheitsbudget zusammengefasst.

Viele neuere Veröffentlichungen zum Thema Messunsicherheit beziehen sich auf dieses Werk.

9.3.1.2 DIN V ENV 13005

Leitfaden zur Angabe der Unsicherheit beim Messen

Entspricht dem GUM (Guide to the Expression of Uncertainty in Measurement) in deutscher Sprache.

9.3.1.3 Dr. Michael Krystek, Berechnung der Messunsicherheit Beuth Verlag Berlin, 2012 ISBN 987-3-410-20932-4

Der ISO/IEC-„Guide to the Expression of Uncertainty in Measurement" (GUM) definiert eine international einheitliche Vorgehensweise beim Ermitteln und Angeben von Messunsicherheiten, um Messergebnisse weltweit vergleichbar zu machen. Bedeutung hat der GUM vor allem beim Kalibrieren. Bei Kalibrierscheinen von akkreditierten Kalibrierlaboratorien, z. B. im Deutschen Kalibrierdienst, ist der GUM die verbindliche Grundlage zur Ermittlung der Messunsicherheit.

Der Beuth-Praxis-Band macht die Grundlagen der Berechnung von Messunsicherheit verständlich und liefert zugleich eine Anleitung für deren schrittweise Bestimmung. Praxisbeispiele zu verschiedenen Messungen runden die Darstellung ab.

9.4 Normen und Richtlinien aus angrenzenden Bereichen

Aufgeführt sind Regelwerke aus angrenzenden Bereichen, die nicht unmittelbar mit der Oberflächenmesstechnik zu tun haben, oft aber zur Problemlösung beitragen können.

- **DIN 199-1:2002-03 (zurückgezogene Norm)**, Technische Produktdokumentation – CAD-Modelle, Zeichnungen und Stücklisten – Teil 1: Begriffe
- **DIN 406-10:1992-12**, Technische Zeichnungen; Maßeintragung; Begriffe, allgemeine Grundlagen
- **DIN 406-11:1992-12**, Technische Zeichnungen; Maßeintragung; Grundlagen der Anwendung
- **DIN 406-11 Beiblatt 1:2000-12**, Technische Zeichnungen; Maßeintragung; Grundlagen der Anwendung; Ausgang der Bearbeitung an Rohteilen
- **DIN 406-12:1992-12**, Technische Zeichnungen; Maßeintragung; Eintragung von Toleranzen für Längen- und Winkelmaße; ISO 406:1987, modifiziert
- **DIN V 32950:1997-04 (zurückgezogene Vornorm)**, Geometrische Produktspezifikation (GPS) – Übersicht (ISO/TR 14638:1995)
- **DIN EN ISO 1101:2017-09**, Geometrische Produktspezifikation (GPS) – Geometrische Tolerierung – Tolerierung von Form, Richtung, Ort und Lauf (ISO 1101:2017); Deutsche Fassung EN ISO 1101:2017
- **DIN EN ISO 3098-2:2000-11**, Technische Produktdokumentation – Schriften – Teil 2: Lateinisches Alphabet, Ziffern und Zeichen (ISO 3098-2:2000); Deutsche Fassung EN ISO 3098-2:2000
- **DIN EN ISO 14253-1:2013-12**, Geometrische Produktspezifikationen (GPS) – Prüfung von Werkstücken und Meßgeräten durch Messen – Teil 1: Entscheidungsregeln für die Feststellung von Übereinstimmung oder Nichtübereinstimmung mit Spezifikationen (ISO 14253-1:2013); Deutsche Fassung EN ISO 14253-1:2013
- **DIN EN ISO 14660-1:1999-11 (zurückgezogene Norm)**, Geometrische Produktspezifikation (GPS) – Geometrieelemente – Teil 1: Grundbegriffe und Definitionen (ISO 14660-1:1999); Deutsche Fassung EN ISO 14660-1:1999

- **DIN EN ISO 14660-2:1999-11 (zurückgezogene Norm)**, Geometrische Produktspezifikation (GPS) – Geometrieelemente – Teil 2: Erfaßte mittlere Linie eines Zylinders und eines Kegels, erfaßte mittlere Fläche, örtliches Maß eines erfaßten Geometrieelementes (ISO 14660-2:1999); Deutsche Fassung EN ISO 14660-2:1999
- **DIN EN ISO 81714-1:2010-11**, Gestaltung von graphischen Symbolen für die Anwendung in der technischen Produktdokumentation – Teil 1: Grundregeln (ISO 81714-1:2010); Deutsche Fassung EN ISO 81714-1:2010
- **VDA 2005**, Geometrische Produktspezifikation – Technische Zeichnungen – Angabe der Oberflächenbeschaffenheit, inklusive Beiblatt 1
- **VDA 2006**, Geometrische Produktspezifikation – Oberflächenbeschaffenheit – Regeln und Verfahren zur Beurteilung der Oberflächenbeschaffenheit
- **VDA 2007**, Geometrische Produktspezifikation – Oberflächenbeschaffenheit – Definitionen und Kenngrößen der dominanten Welligkeit

10 Literatur

10.1 Entwicklung der Oberflächenmesstechnik

Die Oberflächenmesstechnik hat sich im Laufe der Jahrzehnte erheblich gewandelt. Sie kann heute nicht mehr vollständig losgelöst von ihrer geschichtlichen Entwicklung betrachtet werden. Der technische Fortschritt findet auch auf diesem Fachgebiet in kleineren und mittleren Schritten statt, weil für die Industrie eine grundlegende Änderung der Messtechnik praktisch nicht umsetzbar ist. Bevor die Industrie bereit ist, Millionen von Zeichnungen zu ändern und die Qualitätsprüfung völlig umzustellen, muss nicht nur eine interessante neue Idee existieren, sondern diese Idee muss auch nachweisbar erhebliche wirtschaftliche Vorteile bieten. Deshalb wird das klassische Messverfahren mit elektrischen Tastschnittgeräten auch in Zukunft seine zentrale Bedeutung behalten und dabei ständig weiterentwickelt werden.

Das klassische Tastschnittverfahren mit mechanischer Antastung ist seit Jahrzehnten im Gebrauch und ist sehr gründlich erforscht worden. In der industriellen Fertigungsmesstechnik wird daher weiterhin versucht werden, Rauheitskenngrößen, die mit neuen Messverfahren ermittelt worden sind, auf die „klassischen" Rauheitskenngrößen zurückzuführen, um vergleichen zu können.

10.2 Standardwerke

10.2.1 Bodschwinna; Hillmann (1992)

Bodschwinna, H.; Hillmann, W., „Oberflächenmesstechnik mit Tastschnittgeräten in der industriellen Praxis", Beuth-Kommentar (1992).

H. Bodschwinna und W. Hillmann beschreiben in ihrem Beuth-Kommentar die Rauheitsmessung unter Zugrundelegung der Anfang der neunziger Jahre verfügbaren Messgeräte und Normen. Nahezu alle einschlägigen Normen wurden seitdem wesentlich überarbeitet und als DIN-EN-ISO-Normen neu herausgegeben. Für die Anwendung der gängigen Rauheitskenngrößen und deren Messung mit elektrischen Tastschnittgeräten hat der Beuth-Kommentar von Bodschwinna/Hillmann dennoch nach wie vor einen hohen technischen Informationswert, der durch das vorliegende Buch vertieft und aktualisiert wird. Besondere Beachtung verdient das umfangreiche Literaturverzeichnis, über das der interessierte Leser die vollständige Entwicklungsgeschichte der Oberflächenmesstechnik zurückverfolgen kann.

Der Beuth-Kommentar von Bodschwinna/Hillmann aus dem Jahr 1992 kann nicht mehr im Beuth Verlag bezogen werden; er ist jedoch sicherlich in technischen Bibliotheken einsehbar.

10.2.2 Whitehouse (1994)

Whitehouse, D. J. (David J.), „Handbook of surface metrology“, Institute of Physics Publishing, ISBN 0-7503-0039-6 (1994).

Oberflächen und ihre Rauheit werden von Whitehouse in diesem englischsprachigen Werk umfangreich behandelt. Messmethoden zur Ermittlung der Oberflächenstruktur, die dazu erforderlichen Geräte und Auswertungsmethoden sowie die Behandlung der Messunsicherheit werden ausführlich dargestellt. Daneben werden theoretische und praktische Aspekte im Zusammenhang mit Reibung, Verschleiß und Schmierfilmen behandelt.

10.2.3 Thomas (1999)

Thomas, T. R., „Rough Surfaces“, Imperial College Press, ISBN 1860941001, 9781860941009 (1999).

T. R. Thomas spricht in diesem grundlegenden Werk vor allem Wissenschaftler und Konstrukteure an. Unter anderem wird die Messung der Oberflächenrauheit ausführlich behandelt. In der neuen Auflage wird ein weiter Bereich von Messgeräten besprochen, darunter interferenz-optische und hochauflösende AFMs (= Atomic Force Microscope). Die flächenhafte 3D-Messung wird umfangreich dargestellt, wobei unter anderem auf neuere Auswertungsmethoden wie Fraktale eingegangen wird.

10.2.4 Leach (2013)

Leach, Richard (Ed.), „Characterisation of Areal Surface Texture“, Springer Verlag, ISBN 978-3-642-36458-7 (2013).

Einen sehr guten Überblick über die neueren Entwicklungen in der flächenhaften Oberflächenmesstechnik geben die namhaften Autoren Blateyron, Seewig, Forbes und Leach in Form von Fallstudien in dem englischsprachigen Buch. Dabei wird nicht nur die erforderliche Messtechnik vorgestellt, sondern auch aufgezeigt, wie die Messdaten interpretiert werden können, um daraus für eine vorgegebene Aufgabenstellung die passenden funktionalen Informationen ableiten zu können.

Abkürzungsverzeichnis

Abkürzung	Erklärung	Seite
16%-Regel	Statistische Bewertungsregel	119
2RC-Filter	Profilfilter	127
A	Messbedingung der Motif-Norm	54
AA	Arithmetischer Mittenrauwert	22
AKF	Autokorrelationsfunktion	56
α	Konstante für den Filterfaktor	135
AR	Mittlere Teilung des Rauheitsmotifs	20, 52
AW	Mittlere Länge des Rauheitsmotifs	20, 52
B	Messbedingung der Motif-Norm	54
c	Schnittlinientiefe	44
c	Filterfaktor	135
C	„Zentrisch"-Symbol	152
c1	Zählschwelle	39
c2	Zählschwelle	39
CLA	Arithmetischer Mittenrauwert	22
CLA	Chromatic Length Aberration	92
d	Rillentiefe	20
D	Dichte	39
Δa	Arithmetische, mittlere Profilneigung	22
δK	Kurzwellige Abweichungen	134
δL	Langwellige Abweichungen	134
δM	Korrekturwert	133
Δq	Geometrische, mittlere Profilneigung	50
Δx	Messpunktabstand	135
$\Delta x0$	Erstes Minimum der Autokorrelationsfunktion	57
DIN	Deutsches Institut für Normung	157
DKD	Deutscher Kalibrierdienst	110
FFT	Fast Fourier Transformation	59
GMA	Gesellschaft für Mess- und Automatisierungstechnik	158
GPS	Geometrische Produktspezifikation	159
GUM	Guide to the Expression of Uncertainty Measurement	177
Hz	Hertz	114
ISO	International Organisation for Standardization	159
k	Faktor für das Vertrauensniveau	133
L	„Lower"-Symbol	150
L0	Gestreckte Profillänge	51
λ	Wellenlänge	134
λa	Mittlere Wellenlänge des Profils	22

Abkürzung	Erklärung	Seite
λc	Grenzwellenlänge	68, 102, 124
λf	Grenzwellenlänge	31
λq	Mittlere quadratische Wellenlänge	22
λs	Grenzwellenlänge	68
lim	Limes	57
ln	Natürlicher Logarithmus	24
ln	Messstrecke	34, 101
LR	Profillängenverhältnis	52
lr	Einzelmessstrecke	102
lt	Taststrecke	34, 101
µm	Mikrometer = 0,001 mm	
M	Messwert	133
M	„Mehrfache Richtungen"-Symbol	152
max	Index für die Höchstwert-Regel	175
MBN	Mercedes-Benz-Norm	63
mm	Millimeter = 0,001 m	
mN	Millinewton = 0,001 Newton	
Motif	Motif-Norm	52
Mr1	Kleinster Materialanteil	20, 45
Mr2	Größter Materialanteil	20, 45
N	Newton	74
n	Anzahl der Messungen	136
NATG	Normenausschuss Technische Grundlagen	158
NR	Normierte Spitzenzahl	38
P	Profilpunkt	133
P	„Nichtrillig"-Symbol	152
Pc	Spitzenzahl	20
Pmr	Materialanteil des P-Profils	43
P-Profil	Primärprofil	67, 127
Pt	Profiltiefe	37
PTB	Physikalisch-Technische Bundesanstalt	109
R	Mittlere Tiefe des Rauheitsmotifs	52
R	Radius der Tastspitze	54, 69
R	„Radial"-Symbol	152
R3z	Grundrautiefe	27
Ra	Arithmetischer Mittenrauwert	22
Rc	Mittlere Höhe der Profilelemente	20
RC-Filter	Profilfilter	24
Rd	Maximale Rautiefe	28
RΔq	Quadratische mittlere Profilsteigung	50
Rh	Maximale Rautiefe	28

Abkürzung	Erklärung	Seite
Rk	Kernrautiefe	45
Rku	Kurtosis/Steilheit	20
Rmax	Maximale Rautiefe	25, 164
Rmr	Materialanteil des R-Profils	43
RMS	Quadratischer Mittenrauwert	24
Rp	Mittlere Glättungstiefe	30
RPc	Normierte Spitzenzahl	38
Rpk	Reduzierte Spitzenhöhe	45
*Rpk**	Spitzenhöhe	21
Rpm	Mittlere Glättungstiefe	30
R-Profil	Rauheitsprofil	17, 67, 127
Rq	Quadratischer Mittenrauwert	24
Rsk	Schiefe	55
RSm	Mittlerer Rillenabstand	42
Rt	Rautiefe	19, 21
Rtm	Gemittelte Rautiefe	25
Rv	Maximale Riefentiefe	21
Rv	Mittlere Riefentiefe	21
Rvk	Reduzierte Riefentiefe	45
*Rvk**	Riefentiefe	21
Rvm	Mittlere Glättungstiefe	30
Rx	Maximale Tiefe des Rauheitsmotifs	52
Ry	Maximale Rautiefe	28
Rymax	Maximale Rautiefe	25
Rz	Gemittelte Rautiefe	25
Rz(ISO)	Zehnpunktehöhe	28
Rz0	Grundstörungen	112
Rz1max	Maximale Rautiefe	25, 164
s	Standardabweichung	143
Sa	Flächenbezogener arithmetischer Mittenrauwert	61
SEP	Stahl-Eisen-Prüfblatt	38
Sk	Flächenbezogene Kernrautiefe	61
Sm	Mittlerer Rillenabstand	21
SPC	Statistic Process Control	120
Sz	Flächenbezogene gemittelte Rautiefe	61
tpa	Makroprofiltraganteil	44
tpi	Mikroprofiltraganteil	44
u	Standardmessunsicherheit	133
U	Gesamtmessunsicherheit	144
V	Verteilungsfaktor	144
V0	Ölrückhaltevolumen	49
VDA	Verband der Automobilindustrie	33, 177

Abkürzung	**Erklärung**	**Seite**
VDE	Verein Deutscher Elektrotechniker	158
VDEh	Verein Deutscher Eisenhüttenleute	40
VDI	Verein Deutscher Ingenieure	158
W	Mittlere Tiefe des Welligkeitsmotifs	52
w	Relative Genauigkeit	139
WD	Welligkeitsprofil	33
WDc	Mittlere Profilelementhöhe	33
WD-Profil	Dominantes Welligkeitsprofil	33
WDSm	Dominante Wellenlänge	33
WDt	Maximale Profilelementdifferenz	33
W-Profil	Welligkeitsprofil	137
Wt	Wellentiefe	32
Wte	Gesamttiefe der Welligkeit	52
Wx	Maximale Tiefe des Welligkeitsmotifs	52

Stichwortverzeichnis